van der Linde/Pieper

Geflügel im Mobilstall

Jutta van der Linde/Henning Pieper

Geflügel im Mobilstall

Management und Technik

134 Farbfotos und -zeichnungen
15 Tabellen

Inhaltsverzeichnis

Vorwort

Seit der Jahrtausendwende entwickelte sich zunächst in Bio-Betrieben, später auch in konventionellen Betrieben das Interesse an der mobilen Haltung von Legehennen, vereinzelt auch von Mastgeflügel. Hielt man es zunächst für einen vorübergehenden Trend, sind die Mobilställe heute in der Branche angekommen.

Mittlerweile sind rund 1 Mio. Stück Geflügel mobil auf Deutschlands Weideflächen unterwegs. Mit Blick auf die insgesamt gehaltenen Freiland- und Bio-Legehennen macht dies bereits einen Anteil von über 6,5 % aus.

Der Kunde möchte dieses „Produkt mit Gesicht" in seiner Region beim Landwirt seines Vertrauens erwerben. Dafür ist er auch bereit, einen höheren Eierpreis zu zahlen. Das ist aber auch nötig, denn trotz des Eindruckes einer besonders idyllischen und tiergerechten Haltung, sind deutlich höhere Investitionskosten und der erhebliche Arbeitsaufwand zu vergüten. Die aufgezeigten Planungsrechnungen zeigen die gängigsten Mobilstallhaltungen beider Märkte auf.

Der Eier- und Geflügelfleischmarkt sind seit Jahren das expansivste Segment der deutschen Tierhaltung. Dieses spiegelt sich auch im Verhalten der Verbraucher wider. Gepaart mit anhaltenden Medienberichterstattungen ist auch eine sehr erfreuliche Entwicklung im extensiven Markt zu beobachten: Die Mobilstallhaltung hat hier eine feste Größe eingenommen.

Ein weiterer wichtiger Punkt ist das Genehmigungsrecht. Was die Rechtsprechung im Einzelnen bedeutet, können Sie in den jeweiligen Kapiteln lesen.

Das Buch geht auf die am Markt gängigsten Mobilsysteme ein und stellt verschiedene Eigenbaulösungen von Landwirten vor. Darüber hinaus reißt es die wichtigsten Tiermanagementfragen an und möchte dem Mobilhalter helfen, Fehler zu vermeiden.

Die Autoren bedanken sich bei:

Dr. Christiane Keppler vom Landesbetrieb Landwirtschaft Hessen für die Mitarbeit am Kapitel Management.

Dr. Herbert Quakernack, WLV-Geschäftsführer für die Freigabe der Textpassagen Dr. Torsten König.

Dennis Hartmann, Mobilhalter im hessischen Modautal-Brandau für den Erfahrungsbericht zu den technischen Überwachungsmöglichkeiten am Mobilstall.

Philipp Mettenborg, Mobilhalter in Rheda-Wiedenbrück für die Betriebsreportage vom Bau seines Mobilstalles und die gemachten Einstiegserfahrungen damit.

1 Ökonomie

Immer mehr Betriebe haben Interesse an der Legehennenhaltung in einer Größenordnung bis ca. 3000 Plätze. Oft wird eine Direktvermarktung der Eier in Betracht gezogen. Dazu wurden bisher z. B. ältere Wirtschaftsgebäude aus- oder umgebaut und einer neuen Nutzung zugeführt – im Einzelfall eine gute Option.

Diese Haltungen beschränkten sich aber oft auf die Bodenhaltung von Legehennen, da nur in seltenen Fällen ein geeigneter Auslauf zur Verfügung stand.

Idylle und Ökonomie

Die Eier werden meist von Kunden gekauft, die dem Tierhalter vertrauen. Hierbei wird eine tiergerechte, skandalfreie Tierhaltung angenommen und durch den Kauf honoriert – losgelöst von Notierungen großer Bestände. Der mobilen Geflügelhaltung wird eine besondere Idylle zugeschrieben und oft wird sie als „bäuerliche Hühnerhaltung" wahrgenommen. Gleichzeitig entscheiden sich Betriebsleiter für diesen Betriebszweig, um einen lukrativen Gewinnbeitrag zu erzielen.

Voll im Trend

Vollerwerbsbetriebe steigen in die mobile Geflügelhaltung ein, um einen Betriebszweig zu entwickeln, der ohne viel Bauaufwand zur Gesamtwirtschaftlichkeit des Betriebes beitragen kann. Auch Leiter von Nebenerwerbsbetrieben erkennen die überschaubaren Investitionen und eine hohe Flexibilität der benötigten Arbeitszeit.

Wenn Ihre Kunden sich für Nutztierhaltung interessieren, kann der Mobilstall Mehrwert haben. Seien Sie auf Fragen vorbereitet.

Gewinn und Risiko

Die Ökonomie hat in der Beratungspraxis einen besonderen Stellenwert. Produktionstechnische Fragen wie Haltung, Fütterung, Management sind hingegen von geringerem Interesse. Die Kernfrage lautet meist: „Wie gestalte ich einen erfolgreichen Absatz, und welcher Preis lässt sich an dem jeweiligen Standort für ein Ei erzielen?" Dabei geht es vor allem um das Risikomanagement. Wie bei jeder Investition versucht der Unternehmer abzuschätzen, inwieweit rechtliche Rahmenbedingungen, Entwicklungen auf dem Eiermarkt und Umweltbedingungen (Sommerhitze, Raubtierdruck etc.) sein Risiko erhöhen und seinen wirtschaftlichen Erfolg beeinflussen.

Die Investition in eine mobile Geflügelhaltung ist – gemessen an übrigen Investitionen im Vollerwerbsbetrieb –, eher überschaubar. Gleichzeitig kann sie für Quereinsteiger, denen Eigenkapital und Kenntnisse in der Tierhaltung fehlen, sehr riskant sein.

Grundsätzlich ist das Risiko schon dadurch reduziert, dass hier nicht von einer waghalsigen Spekulation die Rede ist. In den Erlösen ist ein Hochpreisniveau möglich, um den deutlichen Mehraufwand in den Investitionen je Tierplatz und dem deutlich höheren Arbeitsaufwand zu honorieren.

Wie wirtschaftlich arbeite ich?

Wie wirtschaftlich ein Betriebszweig ist, berechnet man, indem man die Leistungen (Verkauf der Eier, Eigenverbrauch, Erlös der Schlachthennen) den gesamten Kosten (Aufwendungen, die zur Erzielung dieser Leistung nötig sind) gegenüberstellt: Also eine Ertrags-Aufwand-Rechnung.

Leistung: Der Wert der hergestellten Produkte (hier das Ei in der Hauptsache und die Schlachthennen)
Kosten: Der Wert für den Gebrauch (z. B. Maschinen, Gebäude) und Verbrauch (z. B. Futtermittel, Energie) von Produktionsmitteln zum Erreichen dieser Leistung.

Die einzelnen Kostenarten

Der Deckungsbeitrag ist in Planungsrechnungen die erste Kennzahl nach der Bilanzierung der Leistungen mit den variablen oder veränderlichen Kosten. Die variablen Kosten (z. B. Junghennen, Futtermittel, Energie, Tiergesundheit und Hygiene, Beiträge) sind die Kosten, die der Leistung direkt zugeteilt werden können (Teilkostenrechnung). In weiteren Rechenschritten werden dann die festen Kosten berücksichtigt, um über eine sogenannte Vollkostenrechnung zu einem Gewinnbeitrag zu kommen. Die festen Kosten (hier Abschreibung, Zinskosten der Stallinvestition und Unterhaltung) entstehen durch die Produktionsbereitschaft des Betriebes. Sie fallen stetig in gleicher Höhe an, auch wenn Veränderungen im Aktivvermögen oder der Anzahl von Arbeitskräften vorgenommen werden und sind unabhängig von der Intensität der Produktion.

Variable Kosten werden der Leistung direkt zugeteilt und variieren, je nachdem, wie produziert wird (z. B. Junghennen und Futtermittel)
Feste (fixe) Kosten fallen unabhängig von der Produktion in gleicher Höhe an (z. B. Abschreibung und Zinskosten)

Einen mobilen Legehennen- oder Mastgeflügelstall schreiben Sie etwa über 12–15 Jahre lang ab.

Unabhängig von der tatsächlichen Finanzierung durch einen Kredit oder aus vorhandenen Eigenmitteln, ist ein Zinsansatz für das Kapital zu kalkulieren. Im Rahmen der sogenannten Abschreibung (= Verteilung der Investitionskosten auf die Nutzungsjahre), werden diese Kosten berücksichtigt.

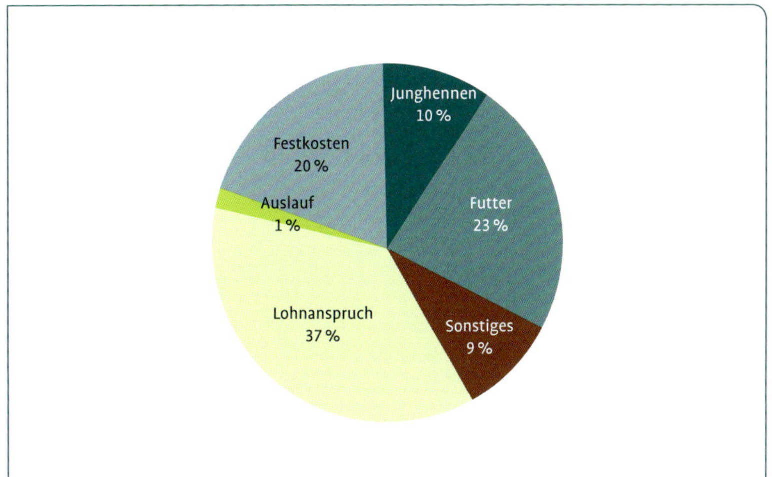

Abb. 1: Kostenverteilung in der Mobilstallhaltung (Quelle: Pieper).

Kostenverteilung

In Abbildung 1 wird deutlich, dass die Entlohnung der eingesetzten Arbeit gut ein Drittel der gesamten Kosten in der Mobilstallhaltung ausmacht. Bei einer Haltung im Feststall ist dieser Anteil etwa 15 %, also ein Mehraufwand für die Mobilstallhaltung von ca. 20 %. Die Futterkosten mit etwa 23 % sind hingegen nur halb so hoch wie bei der Haltung in einem Feststall. Auch die Junghennen verursachen mit rund 10 % etwa nur halb so viele Kosten wie in einer herkömmlichen Legehennenhaltung.

In Junghennen investieren lohnt sich

Gut aufgezogene Junghennen haben allerdings auch ihren Preis und eine große Bedeutung: Sie sind der erste Grundstein für einen erfolgreichen Ablauf der Eiererzeugung. Sie sollten nicht aus einer reinen Bodenhaltung stammen, sondern das Anfliegen unterschiedlicher Ebenen gelernt haben. Dann können sie auch in Mobilställen die einzelnen Funktionsbereiche wie die Nester zur Eiablage bestmöglich nutzen.

Kosten eines Mobilstalles

Die Festkosten eines Mobilstalles liegen etwa 5 % über denen eines Feststalles. Auffallend sind auch die höheren sonstigen Kosten. Mit 9 % etwa das Vierfache erfahrungsgemäßer üblicher Haltungen. Dieses ergibt sich zum Teil durch aufwendigere Eierkartons in der Direktvermarktung.

Planungsrechnung eines mobilen Legehennenstalles

Planungsrechnungen sind immer das Ergebnis bestimmter Annahmen. Wichtig ist, dass der Rechenweg, also die Berücksichtigung aller Kosten und Erlöse, plausibel ist.

Bei der Planung der Leistungen ist besondere Sorgfalt geboten, sie ergeben sich aus verschiedenen Größen:

- Anzahl der vermarktungsfähigen Eier je Durchschnittshenne (DH) und dafür erzielbarer Erlös
- Erlös aus anfallenden Schlachthennen
- Erlös aus naturalen, nicht marktfähigen Produkten (hier ist der Düngewert der anfallenden Frischkotmenge zu nennen, der sich aus der Bewertung der eingesparten mineralischen Nährstoffe ergibt)

Die Schätzung der Erlöse sollte auf einem seriösen, langfristigen Mittel basieren. Investitionen in Haltungseinrichtungen sind oftmals weit in die Zukunft gerichtet. Die Unsicherheit ist daher besonders hoch. Aufgrund derzeitiger Entwicklungen lassen sich Preise nur für die nahe Zukunft seriös einschätzen. Eine langfristige „Vollkaskoversicherung“ kann hierbei nicht gegeben werden und wird von routinierten Unternehmern auch nicht erwartet.

Die Tabellen 1–5 zur Rentabilität einer mobilen Legehennenhaltung zeigen zunächst eine Aufstellung für eine konventionelle und eine ökologische Haltung. Die Größe des angenommenen Bestandes ergibt sich durch eine Durchschnittsgröße eines Mobilstalles der hiesigen Anbieter. Die jeweilige Auswahl des Modells richtet sich nach deren typischen Einsteigervarianten. Ebenso verhält es sich mit dem Preis des Stalles. Ein Mittelwert der üblichen Stallanbieter mit dessen Modellen ergibt hier eine Investition von ca. 30 000 € je Stall (netto) mit 300 Plätzen der konventionellen Haltung und 240 Plätzen der ökologischen Haltung.

Ergänzt mit einer Verkaufseinrichtung und einer benötigten Umzäunung ergibt sich pro Platz folgende Investitionssumme:
konventionell: 118,00 €
ökologisch: 147,50 €

Konventionelle Haltung

Die konventionelle Haltung ist mit einer biologischen Leistung von 315 Eiern/Legeperiode und 12 % Verlusten angenommen worden (Tab. 1). Die Legeperiode ist hier mit 14 Monaten (= 420 Legetage) hinterlegt worden. Alle monetären Leistungen sind netto ausgewiesen.

Zu Tabelle 1: Ein Verkaufspreis von 28 Cent je Ei stellt hier schon das Mindestniveau des Erlöses dar. Daraus ergibt sich eine Marktleistung von 88,20 € pro Durchschnittshenne. Für die Althenne ist ein Schlachterlös von 3,88 € erzielt worden. Der Schlachterlös variiert je nach Nutzungsform der Hennen z. B. von einer einfachen Abgabe der Hennen bis hin zu 4–7 € für eine Suppenhenne. Im Schlachterlös sind bereits die gefallenen Hennen berücksichtigt. Somit ergibt sich ein Gesamterlös von 92,08 € je Legehenne.

Tab. 1: Planungsrechnung eines mobilen Legehennenstalles in konventioneller Haltung auf eine Legeperiode gerechnet (netto) (Quelle: Pieper).

Basisdaten Produktion			
Legehennen/m²		9	
Anzahl Anfangshennen		**300**	
Verluste in %		12	
Anzahl Durchschnittshennen (DH)		**282**	
Produktionsdauer in Monaten		**14**	
Eizahl pro Durchschnittshennen und Legeperiode		**315**	
Preis (netto) Rohware Cent/Ei		28,00	
Marktleistung €/DH		88,20	
Marktleistung Althenne		3,88	
	€/DH	**€/Legeperiode**	**Cent/Ei**
Summe Erlöse in €	**92,08**	**25 967,00**	**29,23**
Variable Kosten	**€/DH**	**€/Legeperiode**	**Cent/Ei**
Junghennen	7,44	2 100,00	2,36
Futterkosten (33 €/dt)	18,23	5 142,00	5,79
Strom Wasser Einstreu	0,90	254,00	0,29
Tierarzt, Impfung, sonst.	0,50	141,00	0,16
Ein- und Ausstallen	0,15	42,00	0,05
Hygiene (Reinigung, Desinfektion, etc.)	0,45	127,00	0,14
Beiträge: TSK, TKV, sonstige	0,70	197,00	0,22
sonst. Kosten + Vermarktung	3,20	902,00	1,02
Zinsanspruch (4 %)	0,79	223,00	0,25
Summe variable Kosten	**32,36**	**9 128,00**	**10,18**
Deckungsbeitrag	**60,16**	**16 839,00**	**18,95**
Basisdaten Investition in €	**€/DH**	**€/Legeperiode**	**Cent/Ei**
Stall + Genehmigung	111,70	31 500,00	
Verkaufseinrichtung	10,64	3 000,00	
Außenanlagen	3,19	900,00	
Summe Baukosten	125,53	35 400,00	

Festkosten auf Legeperiode von 14 Monaten	€/DH	€/Legeperiode	Cent/Ei
AfA Stall, Einrichtung etc. auf 12 Jahre	12,20	3 442	3,87
Reparaturen 1,5 %	1,88	531	0,60
Zinsansatz 2,5 %	1,88	496,00	0,60
Summe Festkosten	**15,96**	**4 468,00**	**5,07**
Lohnanspruch			
Akh-Bedarf	120 min/DH	600 Akh	
Lohnanspruch (15 €/Akh)	**31,91**	**9 000,00**	**10,13**
Berechnung Gewinnbeitrag	**€/DH**	**€/Legeperiode**	**Cent/Ei**
Marktleistung	**92,08**	**25 967,00**	**29,23**
Variable Kosten	32,36	9 128,00	10,28
Deckungsbeitrag	**52,72**	**16 839,00**	**18,75**
Festkosten	**15,97**	**4 468,00**	**5,07**
Lohnkosten/Lohnansatz	31,91	9 000,00	10,13
Kosten Auslauf bei 10 m²/DH und 700 €/ha	0,75	210,00	0,24
Gesamtkosten	80,86	22 806,00	25,68
Stundenentlohnung		20,27	
Betriebszweigergebnis	**11,09**	**3 160,29**	**3,51**
kalkulatorischer Düngewert	**1,02**	**288,00**	
*** Futterkosten: 130 g Tier/Tag**	**33,00 €/dt**		

Die Auflistung der variablen Kosten ist nahezu selbsterklärend. Es wurde ein Futtermittelpreis von 33 € pro Dezitonne (dt) mit einem Verbrauch von 130 g/Tier und Tag angenommen. Auch hier wurden ca. 5 g Futterverluste berücksichtigt. Daraus resultieren Gesamtfutterkosten von 18,23 € je Durchschnittshenne.

Die sonstigen Kosten entstehen durch:

- kleine Reparaturen
- Entsorgung verendeter Tiere
- Anfahrten zum Stall
- Verbrauchsmaterialien
- Einstreu

Die Bilanzierung der Erlöse und der direkten Kosten ergeben eine direktkostenfreie Leistung von ca. 60 €/Legehenne. Die Festkosten ergeben sich aus einer 12-jährigen Abschreibungsdauer verbunden mit 1,5 % Unterhaltungskosten je Jahr und einem Zinsanspruch für das eingesetzte Kapital. Anhand des Gesamtbestandes kommt man nun zu folgender Berechnung des Betriebszweigergebnisses:

Der gesamte konventionelle Bestand erzielt ein Markterlös von 25 967 €.

Abzüglich der direkten und festen Kosten sowie eines Pachtansatzes für die Auslauffläche und eines Lohnanspruches von 550 Arbeitskraftstunden und 15 € Entlohnung je Familienarbeitskraftstunde beträgt das Betriebsergebnis 3160 € je Legeperiode.

Anders ausgedrückt könnte man nach Abzug der variablen und festen Kosten sowie dem Pachtansatz für die Auslauffläche zu einem kalkulatorischen Gewinnbeitrag von 12 161 € kommen. Wenn dieser nun wiederum die 550 Arbeitskraftstunden (Akh) vergüten soll, entspricht das einem Stundenlohn von 22,11 €.

Ganz interessant erscheint die Erlös-Kosten-Verteilung pro Ei: Erfahrene Legehennenhalter rechnen oftmals in der Kategorie „je Ei“. Das ist eine Größenordnung, an die es sich als Neueinsteiger erstmal zu gewöhnen gilt.

Der Erlös je Ei betrug 28 Cent, der Schlachthennenerlös bei 1,23 Cent je Ei. Über die Direktvermarktung wird ein Gesamterlös je Ei von 29,23 Cent erwirtschaftet.

Auf der Seite der variablen Kosten schlägt die Junghenne mit gut 2,36 Cent zu Buche. Dieses ist sicherlich nicht der Punkt der ausschließlich über den wirtschaftlichen Erfolg entscheidet. Das heißt, dass eine gut aufgezogene und „ungeschnäbelte“ Junghenne ihren Mehrpreis hat. Ein Tier, das bereits die Beschäftigung und eine vorteilhafte rohfaserreiche Fütterung in der Aufzucht erlebt hat, zahlt sich hier sicherlich aus.

Dem Futter (hier mit ca. 5,8 Cent/Ei) ist ein anderer Stellenwert beizumessen. Dies gilt auch für Eigenmischungen, denn sie sind nicht per se günstiger. Für ein Mischfutter kann man die Einzelkomponenten meist günstiger einkaufen als der Eigenmischer. Wer selbst mischt, hat den Vorteil „sein“ Getreide verfüttern zu können und ggf. wenig beliebte Komponenten, wie Sojaschrot als Eiweißträger, zu substituieren. Die Alternativen, z. B. Kartoffeleiweiß, Sonnenblumenschrot, Bierhefe, Ackerbohnen und Erbsen, kosten aber oft mehr und sind nur in bestimmten Höchstmengen einzusetzen. Ebenso ist vom eigenen Wirtschaftsgetreide regelmäßig eine repräsentative Probe zu ziehen, damit eine möglichst genaue Rationsberechnung erfolgen kann. Eine Gesamtanalyse des Futters versteht sich dann von selbst. Dieses ist im Mischfutterwerk gängige Praxis. Dennoch ist die Eigenmischung insgesamt eine gut realisierbare Variante, die insbesondere bei Ihren Kunden gut ankommt.

Die übrigen variablen Kosten sind stets zu optimieren, machen aber insgesamt nur einen kleinen Teil der gesamten Kosten aus. Kommt aber die Vermarktung in 10er- oder 6er- Kartons infrage, dann kann so eine Verpackung schon gut mit 1–1,5 Cent je Ei zu Buche schlagen. Die gesamten variablen Kosten von gut 10 Cent und einem daraus resultierenden Deckungsbeitrag von rund 19 Cent lässt einen satten Gewinn erwarten. Die deutlich höheren Investitionskosten, der Preis für den Auslauf und der bereits angesprochene deutlich höhere Arbeitsaufwand von ca. 10 Cent ergeben dann ein Betriebsergebnis von 3,51 Cent je Ei. Das ist für einen Feststall mit 12 000 Freilandhennen ein stattliches Vermögen. Für einen Mobilstall mit 300 Hennen jedoch ein Mindestmaß.

Tab. 2: Planungsrechnung dreier mobiler Legehennenställe in konventioneller Haltung auf eine Legeperiode gerechnet (netto) (Quelle: Pieper).

Basisdaten Produktion			
Legehennen/m²		9	
Anzahl Anfangshennen		**900**	
Verluste in %		12	
Anzahl Durchschnittshennen (DH)		**846**	
Produktionsdauer in Monaten		**14**	
Eizahl pro Durchschnittshennen und Legeperiode		**315**	
Preis (netto) Rohware Cent/Ei		28,00	
Marktleistung €/DH		88,20	
Marktleistung Althenne		3,88	
	€/DH	**€/Legeperiode**	**Cent/Ei**
Summe Erlöse in €	**92,08**	**77 900,00**	**29,23**
Variable Kosten	**€/DH**	**€/Legeperiode**	**Cent/Ei**
Junghennen	6,38	5 400,00	2,03
Futterkosten (33 €/dt)	17,13	14 490,00	5,44
Strom Wasser Einstreu	0,90	761,00	0,29
Tierarzt, Impfung, sonst.	0,50	423,00	0,16
Ein- und Ausstallen	0,15	127,00	0,05
Hygiene (Reinigung, Desinfektion, etc.)	0,45	381,00	0,14
Beiträge: TSK, TKV, sonstige	0,70	592,00	0,22
sonst. Kosten + Vermarktung	3,20	2 707,00	1,02
Zinsanspruch (4 %)	0,74	622,00	0,23
Summe variable Kosten	**30,15**	**25 503,00**	**9,57**
Deckungsbeitrag	**61,34**	**52 396,00**	**19,66**
Basisdaten Investition in €	**€/DH**	**€/Legeperiode**	**Cent/Ei**
Stall + Genehmigung	111,70	94 500,00	
Verkaufseinrichtung	3,55	3 000,00	
Außenanlagen	3,19	2 700,00	
Summe Baukosten	118,44	100 200,00	

Festkosten auf Legeperiode von 14 Monaten	€/DH	€/Legeperiode	Cent/Ei
AfA Stall, Einrichtung etc. auf 12 Jahre	11,51	9 742,00	3,66
Reparaturen 1,5 %	1,78	1 503,00	0,56
Zinsansatz 2,5 %	2,49	1 403,00	0,79
Summe Festkosten	**15,78**	**12 647,00**	**5,01**
Lohnanspruch	**€/DH**	**€/Legeperiode**	**Cent/Ei**
Akh-Bedarf	110 min/DH	1 650 Akh	
Lohnanspruch (15 €/Akh)	**29,26**	**24 750,00**	**9,29**
Berechnung Gewinnbeitrag	**€/DH**	**€/Legeperiode**	**Cent/Ei**
Marktleistung	**92,08**	**77 900,00**	**29,23**
Variable Kosten	30,15	25 503,00	9,57
Deckungsbeitrag	**61,94**	**52 396,00**	**19,66**
Festkosten	**15,78**	**12 647,00**	**5,01**
Lohnkosten/Lohnansatz	29,26	24 750,00	9,29
Kosten Auslauf bei 10 m²/DH und 700 €/ha •AH = ?•	0,74	630,00	0,24
Gesamtkosten	74,55	63 531,00	24,11
Stundenentlohnung		23,71	
Betriebszweigergebnis	**16,16**	**14 368,92**	**5,12**
kalkulatorischer Düngewert	**1,02**	**863,00**	
* Futterkosten: 130 g Tier/Tag	**31,00 €/dt**		

Den konventionellen Bestand erweitern?

Erfahrungsgemäß kommen sehr bald Überlegungen auf, den Bestand zu erweitern. Was ändert sich dann im Einzelnen? In der folgenden Kalkulation wurde davon ausgegangen, dass mittelfristig ein zweiter und ein dritter Stall hinzukommen, und sich der Bestand auf 900 Legehennen erweitert (Tab. 2). Nun ist davon auszugehen, dass die konventionelle Junghenne für maximal 6 € und das Futter für 31 € pro Dezitonne (dt) zu beziehen sind. Eine der größten Einflussfaktoren auf die Gesamtwirtschaftlichkeit dieses Vorhabens ist wiederum der Arbeitsbedarf. Dieser steigt in diesem Fall nicht unbedingt linear an, wenn die Stalleinheiten auf einem Standort zusammengeführt worden sind. Ein Arbeitsbedarf von ca. 1650 Arbeitsstunden in der Legeperiode scheint dann angemessen zu sein. Hierbei muss man eine Mischkalkulation von einem vollmobilen oder einem teilmobilen Stallsystem berücksichtigen.

Fazit
Ein Betriebszweigergebnis von 14 368 € bei bereits entlohnter Arbeit kann man als sehr erfolgreich bezeichnen. Ein Umsatzvolumen von annähernd 80 000 € erreicht einen Umfang, der einem üblichen Betriebszweig entspricht.

Was bringt die ökologische Variante?

Die ökologischen Erzeugung eines „300er"-Mobilstalles erfolgt hier mit 240 Tieren. Die Legeleistung ist mit 285 Eier je Legeperiode angenommen worden (Tab. 3). Grund für eine verminderte Legeleistung gegenüber der konventionellen Planungsrechnung ist die geringere Leistung des Futters. Diese begründet sich in der Verdaulichkeit insbesondere der alternativen Proteinquellen im Vergleich zum herkömmlichen Sojaschrot in konventionellen Futtermitteln. Der Erlös je Ei mit 42 Cent sollte als Mindesterlös angestrebt werden. Die Futteraufnahme pro Tag wurde in der Berechnung als etwa gleich angesetzt wie bei der konventionellen Haltung, der Futterpreis je Dezitonne veranschlagte man allerdings mit 51 €. Einen Ansatz für die Bio-Junghenne unterliegt weiten Schwankungen. Hier ging man von 12 € pro Henne aus, was dem oberen Niveau handelsüblicher Bio-Junghennen entspricht. Die Gesamtberechnung zeigt Tabelle 3.

Fazit
Die Erfolgskennzahlen der ökologischen und konventionellen Erzeugung wie der Deckungsbeitrag von etwa 16 000 € und letztendlich auch das Betriebszweigergebnis von ca. 3200 € fallen trotz unterschiedlicher Planungsannahmen annähernd gleich aus.

Planungsrechnung für 1 Jahr

Trotz einer längeren Nutzungsdauer werden zahlreiche Kalkulationen auf einen Zeitraum von einem Jahr berechnet. Tabelle 4 und 5 zeigen die konventionelle und ökologische Haltung auf ein Jahr bezogen.

In den Rechenbeispielen ist eine Legeleistung von 265 konventionellen und 245 ökologischen Eiern angenommen worden. Dieses entspricht einem maximal mittleren Leistungsniveau üblicher Rentabilitätsberechnungen. Normalerweise sollte sich ein Neueinsteiger an einem mindestens durchschnittlichen bis guten Leistungsniveau orientieren. Eine Aufteilung in Güteklassen oder Sekundärware (Knick- und Schmutzeiern) ist hierin berücksichtigt worden.

Tab. 3: Planungsrechnung eines mobilen Legehennenstalles in ökologischer Haltung gerechnet auf eine Legeperiode (netto) (Quelle: Pieper).

Basisdaten Produktion			
Legehennen/m²		6	
Anzahl Anfangshennen		**240**	
Verluste in %		14	
Anzahl Durchschnittshennen (DH)		**223**	
Produktionsdauer in Monaten		**14**	
Eizahl pro Durchschnittshennen und Legeperiode		**285**	
Preis (netto) Rohware Cent/Ei		42,00	
Marktleistung €/DH		119,70	
Marktleistung Althenne		3,88	
	€/DH	**€/Legeperiode**	**Cent/Ei**
Summe Erlöse in €	**123,58**	**27 583,00**	**43,36**
Variable Kosten	**€/DH**	**€/Legeperiode**	**Cent/Ei**
Junghennen	12,90	2 880,00	4,53
Futterkosten (33 €/dt)	28,18	6 289,00	9,89
Strom Wasser Einstreu	0,90	201,00	0,32
Tierarzt, Impfung, sonst.	0,50	112,00	0,18
Ein- und Ausstallen	0,15	33,00	0,05
Hygiene (Reinigung, Desinfektion, etc.)	0,45	100,00	0,16
Beiträge: TSK, TKV, sonstige	0,70	156,00	0,25
sonst. Kosten + Vermarktung	3,20	714,00	1,12
Zinsanspruch (4 %)	1,17	262,00	0,41
Summe variable Kosten	**48,16**	**10 748,00**	**16,90**
Deckungsbeitrag	**75,42**	**16 835,00**	**26,46**
Basisdaten Investition in €	**€/DH**	**€/Legeperiode**	**Cent/Ei**
Stall + Genehmigung	141,13	31 500,00	
Verkaufseinrichtung	13,44	3 000,00	
Außenanlagen	4,03	900,00	
Summe Baukosten	**158,60**	**35 400,00**	

Festkosten auf Legeperiode von 14 Monaten	**€/DH**	**€/Legeperiode**	**Cent/Ei**
AfA Stall, Einrichtung etc. auf 12 Jahre	15,42	3 442,00	5,41
Reparaturen 1,5 %	2,38	531,00	0,83
Zinsansatz 2,5 %	3,33	496,00	1,17
Summe Festkosten	**21,13**	**4 468,00**	**7,41**
Lohnanspruch	**€/DH**	**€/Legeperiode**	**Cent/Ei**
Akh-Bedarf	150 min/DH	600 Akh	
Lohnanspruch (15 €/Akh)	**40,32**	**9 000,00**	**14,15**
Berechnung Gewinnbeitrag	**€/DH**	**€/Legeperiode**	**Cent/Ei**
Marktleistung	**123,58**	**27 583,00**	**43,36**
Variable Kosten	48,16	10 748,00	16,90
Deckungsbeitrag	**75,42**	**16 835,00**	**26,46**
Festkosten	**21,13**	**4 468,00**	**7,41**
Lohnkosten/Lohnansatz	40,32	9 000,00	14,15
Kosten Auslauf bei 10 m²/DH und 700 €/ha	0,75	168,00	0,26
Gesamtkosten	110,36	24 385,00	38,72
Stundenentlohnung		20,33	
Betriebszweigergebnis	**13,22**	**3 198,54**	**4,64**
kalkulatorischer Düngewert	**1,02**	**228,00**	
* Futterkosten: 130 g Tier/Tag	**51,00 €/dt**		

Tab. 4: Planungsrechnung eines mobilen Legehennenstalles in konventioneller Haltung auf ein Jahr gerechnet (netto) (Quelle: Pieper).

Basisdaten Produktion			
Legehennen/m²		9	
Anzahl Anfangshennen		**300**	
Verluste in %		12	
Anzahl Durchschnittshennen (DH)		**282**	
Produktionsdauer in Monaten		**12**	
Eizahl pro Durchschnittshennen und Jahr		**265**	
Preis (netto) Rohware Cent/Ei		28,00	
Marktleistung €/DH		74,20	
Marktleistung Althenne		3,88	
	€/DH	**€/Jahr**	**Cent/Ei**
Summe Erlöse in €	**78,08**	**22 019,00**	**29,46**
Variable Kosten	**€/DH**	**€/Jahr**	**Cent/Ei**
Junghennen	6,47	2 100,00	2,44
Futterkosten (33 €/dt)	15,66	4 416,00	5,91
Strom Wasser Einstreu	0,70	197,00	0,26
Tierarzt, Impfung, sonst.	0,50	141,00	0,19
Ein- und Ausstallen	0,15	42,00	0,06
Hygiene (Reinigung, Desinfektion, etc.)	0,45	127,00	0,17
Beiträge: TSK, TKV, sonstige	0,70	197,00	0,26
sonst. Kosten + Vermarktung	3,00	846,00	1,13
Zinsanspruch (4 %)	1,14	323,00	0,43
Summe variable Kosten	**28,77**	**8 389,00**	**10,86**
Deckungsbeitrag	**49,31**	**13 629,00**	**18,61**
Basisdaten Investition in €	**€/DH**	**€/Jahr**	**Cent/Ei**
Stall + Genehmigung	111,70	31 500,00	
Verkaufseinrichtung	10,64	3 000,00	
Außenanlagen	3,19	900,00	
Summe Baukosten	**125,53**	**35 400,00**	

Festkosten auf Legeperiode auf 1 Jahr	€/DH	€/Jahr	Cent/Ei
AfA Stall, Einrichtung etc. auf 12 Jahre	10,46	2 950,00	3,95
Reparaturen 1,5 %	1,88	531,00	0,71
Zinsansatz 2,5 %	1,88	496,00	0,71
Summe Festkosten	**14,23**	**3 977,00**	**5,37**
Lohnanspruch	**€/DH**	**€/Jahr**	**Cent/Ei**
Akh-Bedarf	110 min/DH	550 Akh	
Lohnanspruch (15 €/Akh)	**29,26**	**8 250,00**	**11,04**
Berechnung Gewinnbeitrag	**€/DH**	**€/Jahr**	**Cent/Ei**
Marktleistung	**78,08**	**22 019,00**	**29,46**
Variable Kosten	28,77	8 389,00	10,86
Deckungsbeitrag	**49,31**	**13 629,00**	**18,61**
Festkosten	**14,23**	**3 977,00**	**5,37**
Lohnkosten/Lohnansatz	29,26	8 250,00	11,04
Kosten Auslauf bei 10 m²/AH und 700 €/ha •AH = ?•	0,74	210,00	0,28
Gesamtkosten	73,00	20 826,00	27,55
Stundenentlohnung		17,17	
Betriebszweigergebnis	**5,08**	**1 192,60**	**1,92**
kalkulatorischer Düngewert	**1,02**	**288,00**	
* Futterkosten: 130 g Tier/Tag	**33,00 €/dt**		

Tab. 5: Planungsrechnung eines mobilen Legehennenstalles in ökologischer Haltung auf ein Jahr gerechnet (netto) (Quelle: Pieper).

Basisdaten Produktion			
Legehennen/m²		9	
Anzahl Anfangshennen		**240**	
Verluste in %		12	
Anzahl Durchschnittshennen (DH)		**226**	
Produktionsdauer in Monaten		**12**	
Eizahl pro Durchschnittshennen und Jahr		**245**	
Preis (netto) Rohware Cent/Ei		42,00	
Marktleistung €/DH		102,90	
Marktleistung Althenne		3,88	
	€/DH	**€/Jahr**	**Cent/Ei**
Summe Erlöse in €	**106,78**	**24 090,00**	**43,58**
Variable Kosten	**€/DH**	**€/Jahr**	**Cent/Ei**
Junghennen	11,21	2 880,00	4,58
Futterkosten (33 €/dt)	24,20	5 459,00	9,88
Strom Wasser Einstreu	0,70	158,00	0,29
Tierarzt, Impfung, sonst.	0,50	113,00	0,20
Ein- und Ausstallen	0,15	34,00	0,06
Hygiene (Reinigung, Desinfektion, etc.)	0,45	102,00	0,18
Beiträge: TSK, TKV, sonstige	0,70	158,00	0,29
sonst. Kosten + Vermarktung	3,00	677,00	1,22
Zinsanspruch (4 %)	1,70	383,00	0,69
Summe variable Kosten	**42,61**	**9 963,00**	**17,39**
Deckungsbeitrag	**64,17**	**14 126,00**	**26,19**
Basisdaten Investition in €	**€/DH**	**€/Jahr**	**Cent/Ei**
Stall + Genehmigung	139,63	31 500,00	
Verkaufseinrichtung	13,30	3 000,00	
Außenanlagen	3,99	900,00	
Summe Baukosten	**156,91**	**35 400,00**	

Festkosten auf 1 Jahr	€/DH	€/Jahr	Cent/Ei
AfA Stall, Einrichtung etc. auf 12 Jahre	13,08	2 950,00	5,34
Reparaturen 1,5 %	2,35	531,00	0,96
Zinsansatz 2,5 %	2,35	496,00	0,96
Summe Festkosten	17,78	3 977,00	7,26
Lohnanspruch	**€/DH**	**€/Jahr**	**Cent/Ei**
Akh-Bedarf	138 min/DH	552 Akh	
Lohnanspruch (15 €/Akh)	36,70	8 280,00	14,98
Berechnung Gewinnbeitrag	**€/DH**	**€/Jahr**	**Cent/Ei**
Marktleistung	**106,78**	**24 090,00**	**43,58**
Variable Kosten	42,61	9 963,00	17,39
Deckungsbeitrag	**64,17**	**14 126,00**	**26,19**
Festkosten	**17,78**	**3 977,00**	**7,26**
Lohnkosten/Lohnansatz	36,70	8 280,00	14,98
Kosten Auslauf bei 10 m²/AH und 700 €/ha •AH = ?•	0,74	168,00	0,30
Gesamtkosten	97,84	22 388,00	39,93
Stundenentlohnung		18,08,00	
Betriebszweigergebnis	**8,74**	**1 701,55**	3,65
kalkulatorischer Düngewert	**1,02**	**230,00**	
* Futterkosten: 130 g Tier/Tag	**51,00 €/dt**		

Ab wann lohnt sich ein Mobilstall?

Eine oft gestellte Frage ist, ab wann ein Mobilstall ökonomisch „kippt"? Welcher Mindesterlös aus dem Verkauf von Eiern und Schlachthennen ist zu erzielen, um mindestens eine „schwarze Null" zu schreiben? Oder ab wann sind z. B. Raubtier-, Leistungs- oder Totalverluste derart hoch, dass eine Wirtschaftlichkeit nicht mehr gegeben ist?

Nehmen wir erneut die Rentabilitätsrechnung aus Tabelle 4. Ein konventioneller Mobilstall mit 300 Legehennen zu einem Preis von 7 € für eine Junghenne, 33 € je Dezitonne Futter, einem Erlös von 28 Cent je vermarktungsfähigem Ei bei 315 Eiern auf 14 Legemonaten gerechnet schreibt eine „schwarze Null" bei

- Tierverlusten ab 30 %! Das erscheint sehr hoch. Solche Verluste sind in der Praxis undiskutabel und lassen bei Erreichen dieser biologi-

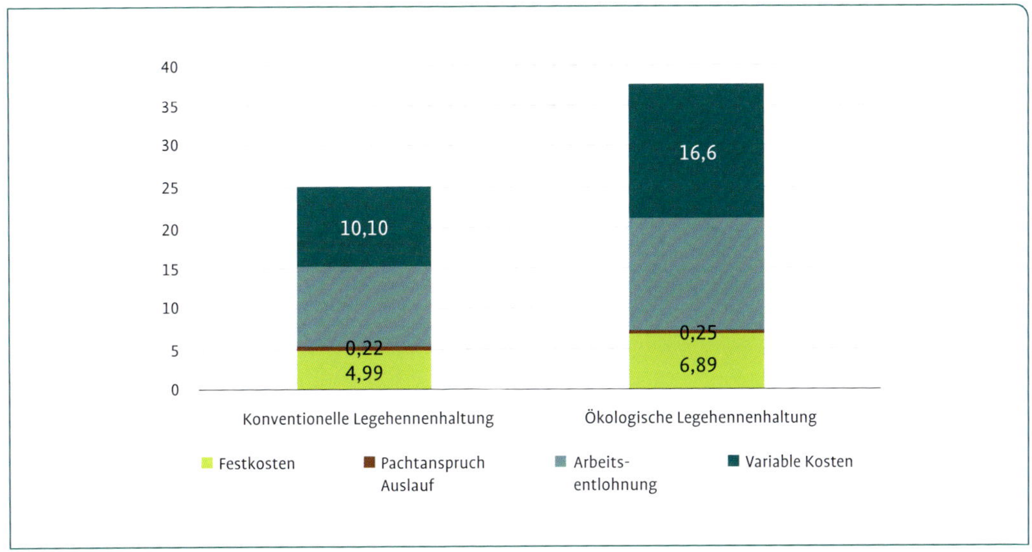

Abb. 2: Mindestens benötigter Erlös je Ei in der konventionellen und ökologischen Mobilstallhaltung (Quelle: Pieper).

schen Kennzahl entweder eine vollkommene Überalterung des Bestandes oder einen hohen Raubtierdruck vermuten.
- einem Gesamterlös von 25,5 Cent/Ei (24,5 Cent/Ei und 1 Cent/Ei aus dem Erlös von Schlachthennen von ca. 4 €/Tier).
- mindestens 275 verkauften Eiern/Durchschnittshenne.
- einer Legeleistung von mindestens 87 %.

Die Abbildung 2 zeigt den Mindesterlös in der konventionellen und ökologischen Mobilstallhaltung zu einer Vollkostendeckung. Die Stallgröße wurde mit 300 konventionellen und 240 ökologischen Stallplätzen angenommen. Wie oben beschrieben, sind konventionell 25,5 Cent je vermarktetem Ei vollkostendeckend. In der ökologischen Erzeugung ergibt sich unter den Annahmen der Tabelle 3 ein Erlös von mindestens 38 Cent.

Wo liegen die Stellschrauben zum Erfolg?

In Tabelle 6 sind für die konventionelle und ökologische Erzeugung die hauptsächlichen variablen Kosten des Futters und der Eiererlöse in unterschiedlichen Intensitätsstufen angenommen worden. Daraus ergibt sich ein veränderter Gewinn. Die Spanne der Erlöse von üblichen 28–32 Cent netto in der konventionellen Erzeugung und 37–45 Cent netto in der ökologischen Erzeugung sind hierbei Größen, wie sie bei unterschiedlichen Betrieben durchaus vorkommen können. Der jeweilige Einzelbetrieb ändert zunächst seinen Erlös nur, wenn auch gravierende Preisanstiege – insbesondere beim Futter –, zu erwarten sind.

Merke: Eine optimale Verwertung des Futters je kg Eimasse ist dann der entscheidende Erfolgsparameter und nicht der absolute Preis je Dezitonne oder Tonne Futter.

Legehennenfutter kann preisoptimiert in den jeweiligen Komponenten oder in höherwertigen Einzelkomponenten zusammengestellt worden sein.

In der konventionellen Haltung liegt bei angenommenen gleichen variablen und festen Kosten der Gewinn bei 28 Cent Erlös je Ei bei 3160 € im Jahr. Steigt der Erlös um 2 Cent auf 30 Cent Erlös pro Ei, dann steigt der Gewinn schon um 35 % (!) auf 4936 €. Erhöht sich der Erlös sogar von den 28 Cent um 4 Cent auf 32 Cent, erhöht sich nunmehr der Gewinn auf 6713 € – das ist eine Steigerung um 112 % zum Ausgangsniveau von 28 Cent.

Eine durchaus praxisübliche Veränderung des Futtermittelpreises von den zunächst angenommenen 33 €/dt Futter (bei 28 Cent Eiererlös) auf 30 €/dt Futter ergibt eine Gewinnsteigerung von 3160 € auf 3 637 € (+13 %). Ein Anstieg auf 36 €/dt Futter lässt den Gewinn auf 2681 € schrumpfen (−22 %).

Gleiches Vorgehen zeigt Tabelle 6 für die ökologische Erzeugung. Auffällig dabei ist, dass ein Erlös von 38 Cent pro Bio-Ei gerade einmal eine Vollkostendeckung erzielt und einen Gewinn von lediglich 654 € ausmacht.

Tab. 6: Einflussgrößen verschiedener Eier- und Futtermittelpreise auf die konventionelle und ökologische Eiererzeugung im Mobilstall (Quelle: Pieper).

	Konventionelle Erzeugung			**Ökologische Erzeugung**		
Eierpreis	28 Cent	30 Cent	32 Cent	38 Cent	42 Cent	45 Cent
Gewinn	3 160,00 €	4 936,00 €	6 713,00 €	654,00 €	3 198,00 €	5 106,00 €
Futterpreis*	30,00 €	33,00 €	36,00 €	46,00 €	49,00 €	52,00 €
Gewinn	3 639,00 €	3 160,00 €	2 681,00 €	3 830,00 €	3 451,00 €	3 072,00 €

* bei 38 Cent Erlös in der konventionellen Haltung und 38 Cent in der ökologischen Erzeugung

KAT-System und Kosten
Verein für kontrollierte alternative Tierhaltungsformen (KAT)

KAT ist das Kürzel des Vereins für kontrollierte alternative Tierhaltungsformen e. V. Dieser wurde 1995 auf Initiative der Wirtschaft ins Leben gerufen. Der Verein ist die Kontrollinstanz für die Herkunftssicherung und Rückverfolgbarkeit von Eiern aus verschiedenen Haltungssystemen sowie deren nachvollziehbare Warenflüsse im Handel. Als Grundlage für die Kontrollkriterien dienen sowohl Richtlinien und

Verordnungen der EU als auch unsere nationalen Bestimmungen bezüglich des Tierschutzes.

KAT-System – eine Absatzalternative?

Theoretisch kommt der klassische, direktvermarktende Mobilstallbetreiber nicht mit der Frage nach einer Teilnahme am KAT-System in Berührung aber nur theoretisch. Denn in Zeiten von Eierüberschüssen muss er sich nach einer Absatzalternative umsehen. Je größer der mobile Hennenbestand, desto rascher können sich die nicht vermarkteten Eier im Lager stapeln, wenn ein Großteil des Kundenstammes z. B. in Ferienzeiten im Urlaub ist. Dann ist es gut, einen Marktpartner zu haben, der die Überhänge abnehmen kann. In der Regel ist der Lebensmitteleinzelhandel (LEH) auch sehr an der regionalen Mobilware interessiert, weil sie ein Kundenmagnet ist.

Es ist also nicht ungewöhnlich, dass sich ein potenzieller Mobilstalleinsteiger mit einer geplanten Einstiegsgröße ab 300–500 Legehennen bereits vor der Investition mit einem oder mehreren LEHs in seiner Region in Verbindung setzt. Dort klopft er den Bedarf an Eiern ab und führt Preisverhandlungen. LEHs, die bestimmten Lebensmittelketten angeschlossen sind, setzen in der Regel eine KAT-Zertifizierung voraus.

Bevor Sie ins Mobilstallgeschäft einsteigen, sprechen Sie am besten schon mit einigen regionalen Lebensmitteleinzelhändlern. So lässt sich nicht nur der Eierbedarf erfragen, sondern Sie können bereits Preisverhandlungen führen. Außerdem erfahren Sie, ob bestimmte LEHs ein KAT-Zertifikat voraussetzen.

Einige LEHs fordern die KAT-Zertifizierung nicht. In diesem Fall gestaltet sich die Vermarktung Ihrer Mobileier an den Handel wesentlich einfacher.

Wintergarten – ein Muss

Neben anderen Kriterien ist ein Wintergarten Voraussetzung für die Teilnahme am KAT-System. Dies sollte der interessierte Legehennenhalter vor der Investition in einen Mobilstall wissen, um sich für das richtige Modell oder eine ins Auge gefasste Eigenbaulösung zu entscheiden.

Der Wintergarten muss eine Grundfläche von 50 % der Stallinnenraumfläche haben. Damit ist die Stallgrundfläche gemeint – und zwar ausschließlich der Platz, der für die Tiere uneingeschränkt zur Verfügung steht. Außerdem muss der Wintergarten eine Deckenhöhe von 2 m aufweisen und über ein nach KAT-Regeln geeignetes Windschutznetz verfügen, das mindestens 70 % der Außenwandhöhe entspricht.

Bedenken Sie, dass ein Wintergarten für ein KAT-Zertifikat vorausgesetzt wird.

Zudem muss der Wintergarten überdacht und so konstruiert sein, dass er im Falle einer Aufstallungspflicht aus Seuchenschutzmaßnahmen (z. B. Vogelgrippe) absolut wildvogeldicht ist.

Checkliste: Wintergarten
- Grundfläche halb so groß wie Stallgrundfläche
- Deckenhöhe 2 m
- geeignetes Windschutznetz
- Überdachung
- wildvogeldicht

All diese Bedingungen machen die Auswahl des geeigneten Mobilstalles nicht gerade einfach. Laut KAT ist der Wintergarten ein witterungsgeschützter, räumlich abgetrennter Bereich des Stallgebäudes, der dem Außenklima unterliegt. Somit entspricht der Wintergarten einem „Kaltscharrraum". Letzterer ist in der Tierschutz-Nutztierhaltungsverordnung (TierSchNutztV) in § 2 unter Begriffsbestimmungen definiert. Zusammen mit der besonderen Forderung des KAT, dass der Wintergarten eine bauliche Höhe von 2 m aufzuweisen hat, bekommen diese Bedingungen ein gewisses Gewicht im Hinblick auf die Teilnahmewilligkeit an der Zertifizierung.

Es gibt Ausnahmeregelungen des KAT was den Wintergarten betrifft – nehmen Sie daher noch vor der Investition Kontakt auf und informieren Sie sich.

Viele der am Markt gängigen Modelle weisen die geforderten 2 m Höhe im Wintergarten bzw. Kaltscharrbereich nicht auf. Der Wintergarten kann sogar ganz fehlen. Hier können aber Ausnahmegenehmigungen des KAT greifen – dazu sollte man frühzeitig mit dem Verein in den Dialog gehen. Dies muss man vor der Investition im Hinblick auf sein angestrebtes Stall- und Vermarktungssystem bedenken.

Systemkosten (Stand 2017)

KAT-Mitgliedschaft

Möchte ein Mobilstallhalter für seine Vermarktung an den LEH das KAT-Siegel nutzen, kommen verschiedene Kosten auf ihn zu. Dabei gibt es zwei mögliche Mitgliedsformen:
- als Legebetrieb
- als Eierpackstellenbetreiber

Als Legebetrieb benötigt man beim KAT eine **Mitgliedschaft als Legebetrieb**. Sobald man jedoch Eier an den Handel oder andere (Gastronomien, Großküchen, Altenheime, örtliche Wochenmärkte etc.) abgeben möchte, ist eine Eierpackstelle nötig. Hier wird dann eine zweite **Mitgliedschaft** beim KAT fällig, und zwar die **als Eierpackstellenbetreiber.**

Mitgliedsbeitrag

Der Legebetrieb zahlt einen einmalig derzeit (Stand 2017) 5 Cent pro Tierplatz als Aufnahmegebühr beim KAT. Es ist eine Art Eintrittsbeitrag, damit der Betrieb das Recht hat, die Eier an den LEH unter dem KAT-Siegel zu vermarkten.

Wichtig für eher kleine Mobilbetriebe
Unter einer Hennenzahl von 3000 Plätzen im Betrieb fällt der einmalige KAT-Eintrittsbeitrag von 5 Cent/Henne nicht an.

Qualitätskontrolle und Kosten

KAT-eigene Auditoren besuchen alle 2 Jahre den Mitgliedsbetrieb, um die Einhaltung des KAT-Leitfadens zu prüfen. Hier wird eine Pauschalgebühr fällig, die gestaffelt nach Anzahl der Mobilställe ist.

Pauschalbeträge für das Audit (Stand 2017):
1 Stall: 110 €
2 Ställe: 120 €
3–5 Ställe: 130 €
Fällt ein Betrieb durch Unregelmäßigkeiten auf, ist auch ein häufigeres Prüfintervall möglich.

Bei Interesse an einer Packstellenmitgliedschaft ist zunächst der KAT-Leitfaden für Eierpackstellen eine gute Grundinformation, in der sich der Mobilstallbetreiber in erste Informationen einlesen kann. Bei einer zugelassenen KAT-Packstelle werden die Gebühren über eine Mengenstaffelung der vermarkteten Eier erhoben. Diese KAT-interne Aufschlüsselung hier darzustellen, würde den Rahmen sprengen. Wichtig ist es, zu wissen, dass auch (XX Frage an Autor: wo noch?) hier die 3000er Tierplatzgrenze greift: Es fallen keine Gebühren durch den KAT an.

Zertifizierungskosten

Weitere und regelmäßige Kosten fallen durch Zertifizierungen und die jährlich folgenden Re-Zertifizierungen an. Diese Zertifizierungen erfolgen durch eine Zertifizierungsstelle, die der Legehennenbetrieb frei aus 10 verschiedenen Unternehmen wählen kann.

Bei der Auswahl der Zertifizierungsstelle macht es Sinn, darauf zu achten, dass diese ein gutes Netz von Kontrolleuren hat, um Anfahrtskosten des Auditors im moderaten Rahmen zu halten.

Zu den Kostensätzen der Auditoren der einzelnen Unternehmen liegen keine Informationen vor. Sie bewegen sich erfahrungsgemäß zwischen 90–120 € je Stunde, die Fahrtkosten werden mit durchschnittlich 60–70 Cent abgerechnet, beides jeweils netto. Dies ist für einen kleinen Betrieb eine Menge Geld, weshalb eine gute Vorbereitung nötig ist. Je mehr Ordnung und System man in seinen Unterlagen und im Betrieb hat, desto schneller findet sich der Auditor zurecht. Es gibt vorgefertigte Ordner mit bestimmter Systematik, die dem Betrieb als Hilfestellung an die Hand gegeben werden und dem Prüfer die Kontrolle erleichtern.

Je weniger Zeit der Auditor benötigt, desto geringer sind die Kosten.

Sparen Sie Kosten, indem Sie die Zeit, die der Auditor in Ihrem Betrieb benötigt, auf das Mindeste reduzieren. Dies lässt sich durch Ordnung und ein übersichtliches Ablagensystem bewerkstelligen.

Eine erste Zertifizierung ist in der Regel immer zeitaufwändiger als die folgenden Re-Zertifizierungen. Beim Erstbesuch kontrolliert der Auditor, ob alle KAT-Bedingungen in der Tierhaltung eingehalten werden. Dabei muss er sich nicht am Angebot und den gemachten Angaben des Stallbauunternehmens orientieren. Üblicherweise hat er sein Maßband dabei und misst die Stalleinrichtung selbst nach. Daher ist die erste Zertifizierung meist teurer.

IFS-Zertifikat

In der Vermarktung fordert der eierabnehmende Handel ein Zertifikat des International Food Standard (IFS), welches relativ hohe Kosten verursacht. Dieses gilt jedoch erst ab einer Größenordnung von 15 Mio. Eiern im Jahr. Die kleineren Mobilbetriebe werden diese Zahl nicht erreichen, dafür wären über 55 000 Hennenplätze erforderlich.

Qualität sichern mit System

Für Betriebe unter 15 Mio. Eiern jährlich gibt es die Option, als Qualitätssicherungssystem das Hazard Analysis and Critical Control Points-Konzept (HACCP) im Betrieb zu installieren. Schon der Einstieg ist mit einigem Aufwand verbunden, wofür man sich als Betrieb fachkundige Hilfe holen sollte. Dies schont die Nerven, wenn man sich bislang nicht mit dieser komplexen Materie auseinandersetzen musste.

Gut angelegtes Geld
Ein Fachmann für HACCP erstellt für den Betrieb unter anderem Warenflussdiagramme und ein Konzept für die kritischen Kontrollpunkte.

Eine Dioxinprobe kann sowohl mit 380 € als auch mit 500 € und mehr zu Buche schlagen. Vergleichen Sie also vorab die Kosten von verschiedenen Laboren.

Über die Kostenfrage hinaus gibt es viele Regeln und Bedingungen einzuhalten, wie z. B. der Zukauf von Junghennen und Futter aus KAT-zertifizierten Unternehmen. IB-Impfungen im Rhythmus von 12 Wochen sollen Störungen in der Eiqualität vorbeugen. Alle 16 Wochen müssen Kotproben zum Zwecke der Salmonellenkontrolle gesammelt und untersucht werden. Einmal jährlich steht eine Futtermischprobe zur Untersuchung auf Dioxine an.

Fazit
Die Teilnahme am KAT-System ist für kleinere Mobilstallbetriebe mit einigem finanziellen, administrativen und logistischen Aufwand verbunden.
Für Betriebe mit weniger als 3000 Hennenplätzen fallen bestimmte Grundgebühren nicht an.
Je ordentlicher der Betrieb und die Unterlagen geführt werden, desto reibungsloser und weniger zeitaufwändig läuft eine Prüfung und Zertifizierung ab. Dies kann die Kosten erheblich senken.
Besitzt ein Landwirt wenig Affinität zu Dokumentationspflichten, auch außerhalb dieser Zertifizierungen (dies fängt bei der ordentlich geführten Stallliste an), könnte er mit einer Teilnahme am KAT- und HACCP-Konzept schnell an seine persönlichen Grenzen stoßen.
Demgegenüber steht die Abwägung, in welcher Größenordnung der Landwirt die Mobilstallhaltung betreiben möchte und ob er für die Abgabe an einen oder mehrere LEHs in seiner Region KAT überhaupt benötigt. Dies ist sicher auch in Relation zum Preis zu sehen, den der LEH zahlen würde.
Die Gesamtkosten richten sich bei Kleinbetrieben hauptsächlich nach dem Prüfaufwand und der betriebsindividuellen Situation (Anzahl Ställe, Persönlichkeit des Betriebsleiters). Die im Text genannten Stellschrauben können beim Vermeiden von unnötigen Kosten hilfreich sein.
Aufgrund der Individualität der Betriebe und betrieblichen Hintergründe ist eine pauschale Aussage zu anfallenden Kosten des KAT-Systems nicht möglich.

Verwertung von Althennen

Nach einer Nutzung von etwa 14 Monaten in einer Legeperiode nimmt die Leistungsfähigkeit der Legehennen ab und sie wird zunehmend unwirtschaftlich. Die Verwertung der Althennen fällt in der Mobilstallhaltung recht unterschiedlich aus. Maßgebend ist oft auch die Anzahl der gehaltenen Hennen. Grundsätzlich lässt sich hier aber festhalten, dass sich Kunden beim Einkauf der Eier mitunter nach dem Verbleib der Althennen erkundigen. Somit ist eine direkte Vermarktung der Schlachthennen grundsätzlich schon einfacher möglich als in größeren Festställen.

Ein hohes Schlachtgewicht sollte hier nicht mehr erwartet werden. Eine Legehenne, die regelmäßig eine hohe biologische Leistung vollbracht hat, ergibt in der Regel eine „Suppenhenne“ mit einem Gewicht von lediglich 900–1200 g. Bei einem üblichen Schlachterlös von 6,50–7 € pro Kilogramm Schlachtgewicht ergibt sich beim oben genannten Gewicht gleichzeitig der Schlachterlös je Legehenne. Eine Stalleinheit zwischen 300–600 Hennen kann dann oftmals in zwei Terminen geschlachtet und verkauft werden.

Für eine Mobilstallhaltung mit mehr als 800 Stallplätzen werden spezielle Geflügelschlachtereien kontaktiert, um eine zügige Verwertung der Althennen zu gewährleisten. Diese Schlachtereien, die insbesondere auf die Verwertung solcher leichtgewichtigen Tiere spezialisiert sind, sind meist leider nicht im engerem Umkreis zu finden. Auch wenn die Transportentfernung noch zumutbar ist, kann es sein, dass der Aufwand bis zur endgültigen Verwertung so erheblich ist, dass kaum noch ein Erlös zu erzielen ist, der die Kosten der Verwertung übersteigt. Mit anderen Worten: Die Tiere müssen „entsorgt" werden.

Im Kapitel der Wirtschaftlichkeitsbetrachtung sind durchschnittliche Erlöse für die Althennen von ca. 3,80 € je Schlachthenne angenommen worden. Dies ist einen Mischpreis zwischen den direkt vermarkteten Hennen und denen, die an eine spezialisierte Geflügelschlachterei abgegeben werden.

Arbeitszeiten in der Mobilstallhaltung

Der Arbeitsaufwand in der mobilen Hühnerhaltung ist erwartungsgemäß weitaus höher als im Feststall. So kann ein Jahresbedarf einer üblichen Einstiegsgröße von ca. 250–300 Legehennen mit etwa 480–550 Arbeitskräftestunden (Akh) pro Jahr beziffert werden. Tabelle 7 zeigt die Einzeltätigkeiten mit ihrer Häufigkeit und dem Gesamtbedarf. Dieser Mehraufwand besteht vor allem aus der Versorgung des Stalles mit Wasser und Futter – und die hier noch nicht berücksichtigte An- und Abfahrt muss natürlich honoriert werden.

Welche Arbeiten fallen an?

Die hier angegebenen Arbeitszeiten sind lediglich eine grobe Richtschnur für einen Stall mit etwa 300 Stallplätzen und einer maximalen Hofentfernung von 400 m. Arbeitszeiten lassen sich nur schwer näher eingrenzen, da es erhebliche Schwankungen unter den Praxisbetrieben gibt. Bestandsbesuche fallen bei jedem unterschiedlich aus. So kontrollieren manche den Außenzaun einmal wöchentlich, andere hingegen täglich. Dennoch zeigt Tabelle 7 eine grobe Eingrenzung der Tätigkeiten.

Bestand kontrollieren und Eier absammeln

Einmal pro Tag muss der Bestand kontrolliert und die Eier abgesammelt werden – so fordert es das Gesetz. Empfohlen sind sogar 2-mal täglich. Diese Tätigkeiten sind hier mit etwa 1 h pro Tag angesetzt worden. Gesehen auf die Jahrestätigkeit ergeben sich 320 h. Dies macht den Hauptanteil der gesamten Tätigkeiten aus.

Futter anliefern und einbringen

Alle 10, maximal 14 Tage muss man Futter zum Stall fahren und einbringen. Wieviel Zeit das kostet, kommt auf die Stallversion und Größe an. In kleinere Stalleinheiten muss man das Futter per Eimer hineintragen, in größeren Ställen lässt es sich mittels Siloschlauch hineinfördern. Hierfür ist pauschal eine Dreiviertelstunde für eine einzelne Beschickung veranschlagt worden. 26 Einzelfahrten im Jahr ergeben etwa 20 h jährlich. Weiterhin ist zu berücksichtigen, ob das Futter als Fertigfutter vom Mischfutterwerk oder Händler angeliefert wird oder per Eigenmischung selbst hergestellt werden muss.

Wassertank befüllen

Wasser wird alle 5–7 Tage in den etwa 300–500 l großen Tank eingefüllt – also etwa einmal pro Woche. Das macht 52-mal pro Jahr multipliziert mit 45–60 min je Einzelgabe, woraus sich ca. 40 h im Jahr für die Befüllung der Wassertanks ergeben.

Kot beseitigen

Ställe mit Kotband sind etwa alle 10 Tage zu entmisten. Der Mist landet z. B. in einer Frontladerschaufel und kommt dann zur vorgesehenen Lagerstätte. Etwa 36-mal eine Viertelstunde ergeben etwa 9 h im Jahr.

Versetzen des Stalles

Eine der wichtigsten Fragen in der Mobilstallhaltung ist die nach dem Versetzen des Stalles. Vollmobil auf Rädern oder teilmobil auf Kufen und die Stallgröße ergeben hier einen sehr variablen Zeitbedarf. Etwa einmal im Monat außerhalb und 2-mal im Monat während der Vegetationsperiode ergeben ca. 1–3 h je Vorgang und daher mindestens 40 h im Jahr.

Eine grobe „Eselsbrücke“ für das Gesamtmanagement ergibt die Formel 3 × 5: „Alle 5 Tage Wasser zum Stall; alle 10 Tage Futter einbringen und alle 15 Tage den Stall versetzen.“

Weitere Tätigkeiten

Das Ein- und Ausstallen sollte in 2 h im Jahr erledigt sein. Nach der Legeperiode von etwa 14 Monaten wird der Stall komplett gewaschen und desinfiziert. Dazu muss man den Stall auf einen geeigneten Waschplatz fahren und in mindestens 8 h reinigen. Grünlandpflege und Zaunkontrolle erfordern ca. 110 h pro Jahr.

Gesamter Zeitbedarf pro Jahr

Man kann von einem zeitlichen Jahresbedarf von mindestens 500–550 h ausgehen. Nicht berücksichtigt sind hier längere Zeiten der Vermarktung.

Verschiedene Einstiegsgrößen

Aufgrund einer ungewissen Anfangsnachfrage beginnen einige Betriebe den Einstieg in die Mobilstallhaltung mit einer kleinen Größe von etwa 125 Stallplätzen. Andere wiederum wagen eine Größenordnung von 900–1500 Stallplätzen, weil sie vielleicht entweder schon anderweitig in der Direktvermarktung tätig sind oder sogar bereits Eier wiederverkauft haben und daher ein zügiges Anfangspotenzial im Absatz sehen.

Tab. 7: Arbeitszeitbedarf eines Mobilstalles mit 300 Stallplätzen pro Jahr in der Legehennenhaltung (Quelle: Pieper).

Tätigkeiten	Aufwand	Gesamtaufwand im Jahr
Eier sammeln, sortieren, Automat bestücken, Bestandsführung	0,75–1 h/Tag	230 h/Jahr
Futter zum Stallsilo fahren und einbringen (14-tägig)	26 × 0,75 h	20 h/Jahr
Wasser in Tank einfüllen (500 l/Woche)	52 × 0,75 h	40 h/Jahr
Misten (10-tägig)	36 × 0,25 h	9 h/Jahr
Umsetzen (Winter 1-mal pro Monat, sonst 2-mal pro Monat)	1–3 h	40 h
Ein- und Ausstallen	2 h	2 h/Jahr
Waschen und Desinfizieren		8 h/Jahr
Grünlandpflege und Zaunkontrolle		110 h/Jahr
Gesamtstunden		550 h

Tab. 8: Verschiedene Einstiegsgrößen in die Mobilstallhaltung und deren Wirtschaftlichkeit (Quelle: Pieper).

	Mobi 125	Mobi 300	Mobi 900
Stallkosten (€)	13 100	31 500	93 000
Verkaufseinrichtung (€)	1 500	3 000	3 000
Außenanlagen (€)	200	900	1 500
Arbeitsbedarf (Akh)	300	600	1 600
Marktleistung (€)	11 050	25 967	77 900
Variable Kosten (€)	3 865	9 128	25 503
Deckungsbeitrag (€)	7 184	16 839	52 396
Festkosten (€)	1 709	4 468	12 307
Lohnkosten (€)	4 500	9 000	24 000
Pachtansatz Auslauf (€)	13	210	630
Gesamtkosten (€)	10 088	22 806	62 440
Betriebszweigergebnis (€)	**962**	**3 160**	**15 459**

Abb. 3: Befüllen eines Mobilstalles mit Futter (Quelle: ROWA).

Volierenhaltung

Eine verbreitete Ansicht ist es, bei einem Mobilstall in der Arbeitswirtschaft keine wesentlichen Abstriche im Vergleich zum Feststall machen zu wollen und daher bereits in größeren Stalleinheiten zu investieren. Weg von der klassischen Bodenhaltung mit Kotgrube wird nun in die Volierenhaltung mit Etagen investiert, um den Platz effektiver auszunutzen. Dabei wird der Stall mittels Solarmodulen mit Energie versorgt und mit dem dazugehörigen Stromspeicher autark betrieben. Weiterhin gehören Nestaustriebe und automatische Auslauföffnungen dazu, was mit einem Betrieb in einem Feststall nahezu vergleichbar ist.

Abbildung 3 zeigt einen Mobilstall mit mobilem Silo und wie solche größeren Siloeinheiten sich befüllen lassen. Wie nun die jeweilige Wirtschaftlichkeit der verschiedenen Stalleinheiten ausfallen, zeigt Tabelle 8. Der Standardstall mit 300 Plätzen ist zum Vergleich eingefügt worden. Betrachtungszeitraum ist die Legeperiode von 420 Tagen.

2 Eiermarkt

Die mobile Legehennenhaltung beschränkt sich überwiegend auf den innerdeutschen und da insbesondere auf einen kleinen regionalen Markt. Zudem wird meist die überwiegende Direktvermarktung der Eier angestrebt. Das Konzept der Vermarktung von Eiern aus dem Mobilstall bedeutet deutlich höhere Investitionskosten der Stallplätze, ein hohes Arbeitsaufkommen und kleinere Abnahmemengen von Junghennen und Futter, was auch deutlich höhere Erlöse verlangt.

Die deutsche Eiererzeugung nimmt stetig zu. In den letzten fünf Jahren ist die Anzahl der in Deutschland erzeugten Konsumeier um rund 25 % gestiegen. Gleichzeitig hat sich die Haltungsform deutlich gewandelt (s. Abb. 4).

Parallel stieg ebenfalls der Pro-Kopf-Verbrauch: Im Jahr 2010 waren es 218 Eiern pro Person, 2015 wurden 233 Eiern pro Person konsumiert – ein Anstieg um 6,5 % (s. Abb. 5). Dies begründet sich aus dem hohen Nährwert von Eiern, einer guten gesamtdeutschen Wirtschaftsentwicklung, einer zunehmenden Fleischersatzproduktion verbunden mit dem insgesamt rückläufigen Fleischverzehr. Eier lassen sich kaum substituieren. Es gibt kein adäquates Ersatzprodukt wie beispielsweise der Austausch von Puten- zum Hähnchenfleisch.

Ungefähr jede vierte Legehenne in Deutschland hat Auslauf. Davon 17,4 % in konventioneller Freilandhaltung und 9,1 % Biohaltung (beides 2015). Schätzungen zufolge werden davon bereits mehr als 6,5 % derer Stallplätze in Mobilställen gehalten.

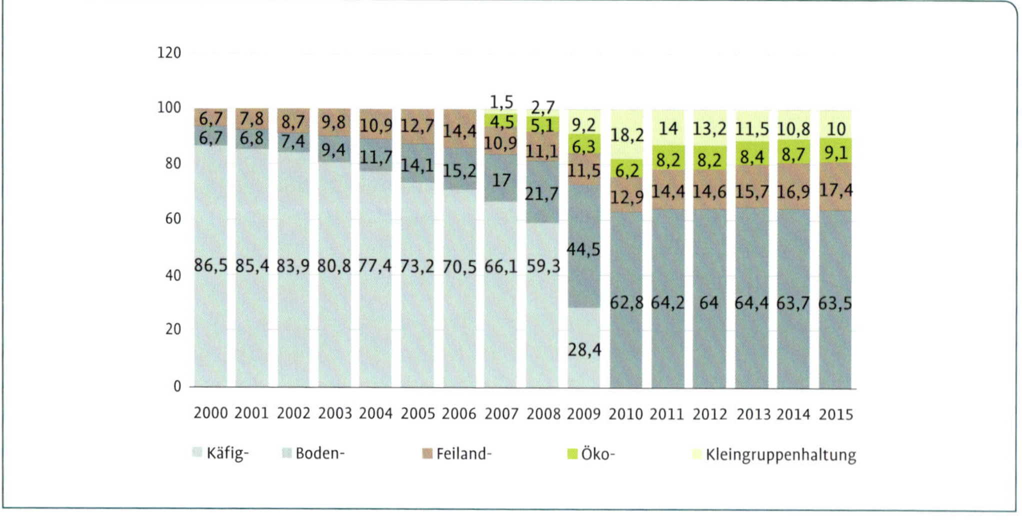

Abb. 4: Legehennen nach Haltungsformen in Deutschland (Quelle: MEG-Marktbilanz Eier und Geflügel 2016).

Abb. 5: Pro-Kopf-Verbrauch an Eiern im Jahr (Quelle: MEG-Marktbilanz Eier und Geflügel 2016).

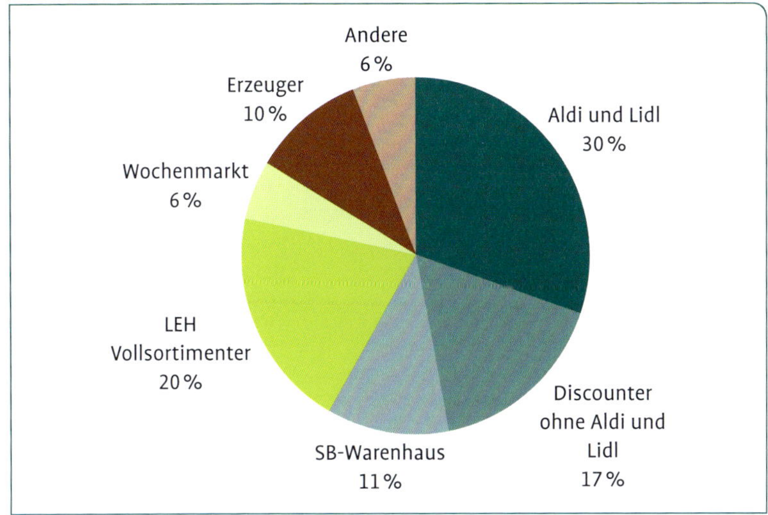

Abb. 6: Haushaltskäufe von Eiern nach Einkaufsstätten in Prozent, 2015 (Quelle: Marktforschungsinstitut GfK).

Ein Blick auf Abbildung 6 zeigt, das ca. 30 % der Haushaltseinkäufe deutscher Haushalte auf Aldi und Lidl entfallen, 16,8 % auf Discounter ohne Aldi und Lidl, 20 % Vollsortimenter LEH, 11,3 % Warenhaus, 10,4 % Erzeuger, 5,4 % Wochenmarkt und 5,9 % Andere. Unberücksichtigt sind hier die Käufe des Außer-Haus-Verzehrs und der Verbrauch von Eiprodukten und verarbeiteten Erzeugnissen. Dennoch ist dieser Anteil von etwa 50 % des Gesamtverbrauches in Form von Schaleneiern als potenzieller Absatzmarkt relevant. Als überwiegenden Absatzweg „Erzeuger", „Wochenmarkt" und vereinzelt „LEH", könnte man bei ca. einem Viertel der aufgezählten Wege ein Absatzpotenzial erkennen.

Ergänzt man die Abbildung der Haushaltwege um die Einkäufe nach Haltungsformen, dann lässt sich bei ca. 26 % Freilandeiern und 11,7 % Bio-Eiern ein grundsätzliches gutes Potenzial für Mobilställe erkennen (s. Abb. 7). Es ist allerdings zu berücksichtigen, dass bei dieser GFK-Umfrage nur identifizierbare – sprich gestempelte –, Eier erfasst werden können (Marktforschungsinstitut GfK, 2015). Eier werden laut der GFK von 94,5 % der Haushalte konsumiert. Rund 60 % kaufen davon

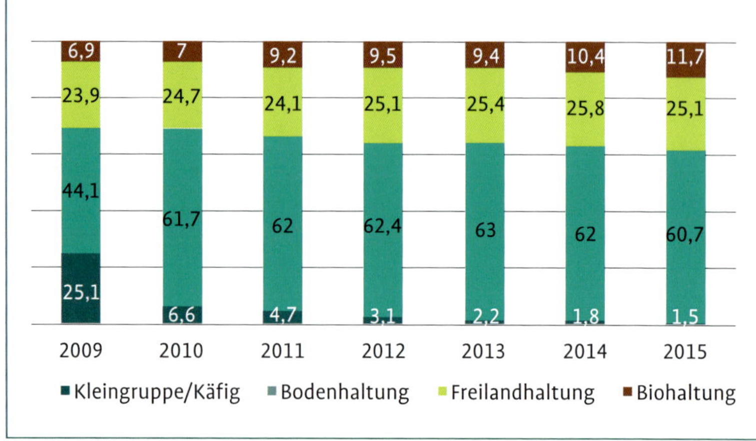

Abb. 7: Haushaltskäufe von Eiern nach Haltungsformen in Prozent (Quelle: GfK-Haushaltspanel, MEG-Marktbilanz Eier und Geflügel 2016).

mindestens einmal Freilandeier und ca. 33 % einmal Bio-Eier. Insgesamt werden immer mehr Eier aus Freiland- und Biohaltung konsumiert.

Absatzwege

Um das Konzept Mobilstall erfolgreich umzusetzen, bleiben lediglich die Vermarktungswege, die höhere Erlöse mit sich bringen. Diese sind vor allem der direkte Weg an den Endverbraucher. Entweder lose oder gekennzeichnet und sortiert über den Hofladen, Wochenmärkte, Automaten oder so genannten „Eiertouren". Beim Abschätzen der Marktstellung ist regional zu evaluieren, wie viele Direktverkäufe von Eiern es aus ähnlichen Haltungen im Radius von etwa 15 km gibt.

Klären Sie, wie groß die Konkurrenz im Umkreis von ca. 15 km ist.

Die Vermarktung direkt an den Endverbraucher bringt höhere Erlöse und ist sehr gut für das Konzept der Mobilstallhaltung geeignet.

So gewinnen Sie Kunden

Grundsätzlich kann man davon ausgehen, dass handelsübliche Eier flächendeckend und in ausreichender Menge zur Verfügung stehen. Jede Kundennachfrage kann somit in einem zumutbaren Umkreis befriedigt werden. Wie gelingt es nun als Mobilstallbetreiber, den Kunden zum eigenen Angebot zu locken? In der Mobilstallhaltung ist es insbesondere der „emotionale" Zusatzwert, der wohlmöglich eine längerfristige Kundschaft bindet und einen höheren Preis realisiert. Der Kunde überzeugt sich von einer besonderen, tiergerechten Haltungsform durch bestenfalls Inaugenscheinnahme des Stalles. Sensibilisiert von derzeitigen Medienberichten und früheren Skandalen wird dann in dieser Form

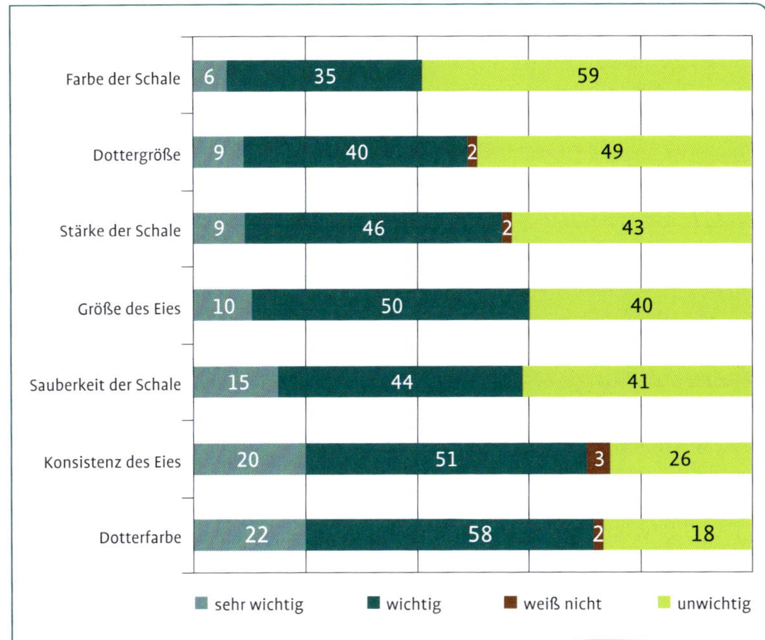

Abb. 8: Welche Eigenschaften des Eies sind für den Verbraucher wichtig? (Quelle: Studie Laukhuft Team, 2010)

der Legehennenhaltung ein Mehrwert gesehen. Dieser Mehrwert – verbunden mit einer zudem umweltgerechteren, weil mobilen Auslaufgestaltung – führt in der Regel zu dem benötigten „Hochpreisniveau“. Was ist dem Kunden erfahrungsgemäß wichtig beim Kauf von Schaleneiern bzw. beim Konsum?

Herkunft der Eier

Zunächst ist dem Kunden eine klar definierte Herkunft der Eier wichtig. Denn dem Ei selbst wird ein wohlschmeckender Geschmack und viele Verwendungsmöglichkeiten beigemessen. Negativ wurde in der Vergangenheit lediglich die Tierhaltung genannt, zum Teil auch erhöhtes Cholesterin und Salmonelleninfektionen.

Ei-Qualität

Bei den Ei-Qualitätsparametern gibt es bei Kunden eine recht gleichmäßig verteilte Auffassung: Der Anteil von Konsumenten, für den die Größe des Eies und die Sauberkeit der Schale wichtig ist, ist genauso groß wie der Anteil von Kunden, der die genannten Merkmale für eher unwichtig hält. Einzig die Konsistenz des Eies und die Dotterfarbe sind für 70–80 % der Kunden eher wichtig. Abbildung 8 zeig, welche Eigenschaften eines Eies für Verbraucher besonders wichtig sind.

Direktvermarktung – so funktioniert's

Die Direktvermarktung von Eiern stellt eine Gratwanderung zwischen Befriedigung der Nachfrage und Überproduktion dar.

- Eine hohe Nachfrage besteht in den Monaten September bis nach Ostern.
- Demgegenüber steht erfahrungsgemäß eine niedrigere Abnahme in den Monaten Mai bis über die Hochsommer-Monate.

Eine Möglichkeit, dieser Herausforderung zu begegnen, sind verschiedene Altersgruppen der Legehennen, die eine kontinuierliche Andienung auch während etwaiger Leerstehzeiten gewährleisten. Alternativ ist auch eine einzige Herdengröße möglich, die lediglich das Sommerangebot abdeckt – ein definierter und nachvollziehbarer Eierzukauf ist dann in der höheren Nachfrageperiode nötig. Erfahrungsgemäß haben sich untereinander bekannte Direktvermarkter bereits zu diesem Zweck zusammengeschlossen.

Grundsätzlich ist der **Standort** des neuen Stalles elementar wichtig. Eine Lage an einer gut befahrenen Straße, die z. B. den Berufsverkehr beinhaltet, oder ein gut angenommener Radweg, haben sich oft schon bestens bewährt. Zudem ist eine zentrale Dorflage mit einem schön gestalteten Hinweisschild eine weitere Möglichkeit der **Werbung**. Bauernhöfe können nicht nur mit Laufkundschaft rechnen, sondern müssen gezielt in der Kundenwerbung tätig werden.

In Stadtrandgebieten lassen sich erwartungsgemäß höhere Preise und Abnahmemengen erzielen als in sehr ländlich geprägten Regionen. Liegt die Verkaufsstelle dezentral, dann ist eine **Ergänzung mit typischen landwirtschaftlichen Produkten** wie Honig, Milch und Kartoffeln sinnvoll. Schließlich muss ein bis dato bequemes Einkaufen an einer einzigen Einkaufsstätte wie dem Supermarkt oder Discounter aufgebrochen werden.

Eine kurze **Reportage in der Tageszeitung** vom örtlichen Redakteur sollte man einer kostspieligen Werbeanzeige vorziehen. Letztere sind nur dann tatsächlich wirksam, wenn sie stetig wiederholt werden.

Ein ansprechend gestalteter **Flyer**, den man parallel an Tankstellen und Geschäften auslegen oder dem Wochenblatt beifügen kann, ist auch eine wirksame Methode der Werbung. Dies trifft auch auf eine auffällige **Fahrzeugbeschriftung** zu.

Die Teilnahme an einer **Gemeinschaftsmarke „Einkaufen auf dem Bauernhof"**, was ein einheitliches Erkennungsmerkmal von Direktvermarktern ist, ist ebenfalls empfehlenswert. Dieser Fördergemeinschaft gehören regionale Bauernverbände und Landwirtschaftskammern an. Mit dieser Öffentlichkeitsarbeit wird ein markantes Profil vermittelt, mit dem sich Direktvermarkter von übrigen Einkaufsstätten eindeutig unterscheiden.

Einflussgrößen auf Preisgestaltung

Wie schon bereits erwähnt, ist ein deutlich höherer Eier-Preis in der Mobilstallhaltung nötig, um insbesondere das deutlich höhere Arbeitsaufkommen und die Mehrinvestition je Hennenplatz zu erwirtschaften. Dafür sind einige Aspekte zu berücksichtigen:

Qualität und Zuverlässigkeit zahlen sich aus

Kunden, die ein Vertrauen in den Anbieter haben und für die das Produkt attraktiv erscheint, geben einen höheren Preis aus. Nichts destotrotz muss natürlich die Qualität und eine stetige Verfügbarkeit stimmen, damit ein Verständnis für den höheren Preis auch nachhaltig bestehen bleibt. Gleicht das Angebot der Eier oder die Zuverlässigkeit der Technik in einem Verkaufsautomaten eher einem Lotteriespiel, wird der Kunde schnell wieder das bisherige Produkt an gewohnten Einkaufsstätten kaufen.

Erschwinglichkeit

Trotz des doppelten Verkaufspreises in der Mobilstallhaltung erscheint eine gut aufgemachte 10er-Packung zwischen 2,80 € und 3 € für konventionelle Eier oder eine 6er-Packung für 2,50–2,70 € für Bio-Ware eher erschwinglich zu sein, als die Vermarktung von Mastgeflügel. Denn Weihnachtsgänse oder Masthähnchen erfordern eine deutlich höhere Investition des Kunden. Zudem bedeuten Eier eine hohe Konsumnähe: Hier entfallen aufwendige Verarbeitungs- und Verpackungsprozesse.

Direktverkauf – Kundenpflege ist zeitintensiv

In der Direktvermarktung kauft der Kunde am liebsten auch direkt vom Erzeuger. Daher ist natürlich abzuwägen, ob man den Mehraufwand in der Vermarktung auch leisten kann. Insbesondere in dieser speziellen Art der Tierhaltung hat der Kunde oft deutlich mehr Fragen als zum eigentlichen Produkt. Daher ist es verkaufsfördernd, wenn man diese Fragen auch adäquat beantworten kann. Hier sollte man im Vorfeld in der Familie entsprechende Gespräche führen, da es nicht jedermanns Sache ist, derartige Kundengespräche zu führen. Diese Tätigkeit ist mindestens der eigentlichen Eiererzeugung gleichzustellen. Ein ansprechender „Point of Sale“ ist ebenfalls sehr wichtig (s. Abb. 9).

> Kauft der Kunde die Eier direkt bei Ihnen ein, müssen Sie mit interessierten Fragen z. B. zur Tierhaltung rechnen. Kundenkontakte kosten Zeit, die Sie einplanen müssen.

Beraten Sie sich mit Ihrer Familie und klären Sie, wer für Kundengespräche am besten geeignet ist.

Es gibt auch Erzeuger, denen es nicht liegt, Verkaufsgespräche zu führen, oder die keine Kunden auf der Hofstelle haben wollen. Manche Erzeuger wiederum besitzen mehrere Ställe und wählen den Weg über den Supermarkt.

Verkauf über Einzelhandel

Hier ist die Bereitstellung der Verkaufsfläche und die Kassentätigkeit des Lebensmitteleinzelhandels zu honorieren bzw. von dem üblichen Preisniveau der Direktvermarktung abzuziehen. Insbesondere eigentümergeführte Filialen der REWE- oder EDEKA-Gruppe werben mit Produkten der **Regionalität** und sind solchen Absatzwegen zur eigenen Profilierung durchaus aufgeschlossen. Zu den besonderen Anforderungen von indirekten Verkäufen wird im Kapitel „Welches Ei darf in den Handel?“ (s. Kap. 2.3) eingegangen.

Eiertouren und Eierautomaten

Eine gut organisierte „Eiertour“ direkt zum Verkauf beim Kunden ist ebenfalls ein gängiger Absatzweg. Dabei sollte man aber auf eine hohe Effizienz achten, damit nicht zu viel Zeit auf der Straße bleibt: Denn diese Zeit muss vergütet werden und lässt sich oft nicht in Rentabilitätsberechnungen einkalkulieren.

Verkauf – So lieber nicht

Ein Verkauf an größere Erfassungsstellen, z. B. Packstellen eines Eierhändlers, sind oft aufgrund der geringen Menge nicht möglich und für das Konzept der Mobilstallhaltung auch nicht rentabel. Die Abgabe an Bäckereien und Gastronomien etc. sollte man aufgrund der zu erzielenden niedrigen Preisen nicht als Hauptabsatzweg wählen. Dies ist jedoch ein möglicher Notnagel in Zeiten von Überschussmengen oder

Abb. 9: Ein ansprechender „Point of Sale“, z. B. ein Eierautomat, ist sehr wichtig. Er sollte stets mit Produkten und Wechselgeld bestückt sein (Quelle: Pieper).

kann beibehalten werden, wenn eine übrige hochpreisige Absatzquelle einen akzeptablen Mischpreis gewährleistet.

Webefläche Mobilstall

Einige Mobilställe ermöglichen das Anbringen eines großflächigen Werbeplakates oder einer entsprechenden Lackierung, Beispiele hierfür zeigen Abbildung 10 und 11.

Abb. 10: Beispiel für ein Werbeplakat am Mobilstall (Quelle: ROWA).

Abb. 11: Schon von Weitem fällt die Werbung auf dem Mobilstall ins Auge (Quelle: Pieper).

Zusätzliche Räumlichkeiten

Neben dem eigentlichen Stall ist auch ein sauberer Raum zur Lagerung nötig. Erfolgt die Vermarktung auf dem Wochenmarkt oder in Regalen des Supermarktes, ist eine Packstelle erforderlich, für die dieser Raum gleich mitgenutzt werden kann.

Welches Ei darf in den Handel?

Verordnungen

Die Vermarktung von Hühnereiern ist in der **EU-Verordnung** (EG) Nr. 1234/2007 und der Verordnung (EG) Nr. 589/2008 für die Europäische Gemeinschaft geregelt. Hier sind Anforderungen an

- Eiqualität,
- Güte,
- Gewichtsklassen,
- Packstellen,
- Verpackungen und
- Kennzeichnungen beschrieben.

Regelungen zur Mindesthaltbarkeit, Aufbewahrung, Kennzeichnung und Rückstandskontrolle enthält die **Hühnereier-Verordnung**, die insbesondere zum Schutz des Verbrauchers vor Salmonellen-Infektionen erlassen wurde. Auch nach der **Lebensmittelhygiene-Verordnung** (LMHV) ergeben sich Auflagen für die Arbeitsabläufe und Dokumentationen der Eiersortierung in den Packstellen. Zu beachten sind außerdem die allgemeinen Hygienevorschriften für Arbeitsstätten und Personal. Daraus ergeben sich spezielle Anforderungen an den Direktvermarkter (s. Abb. 12).

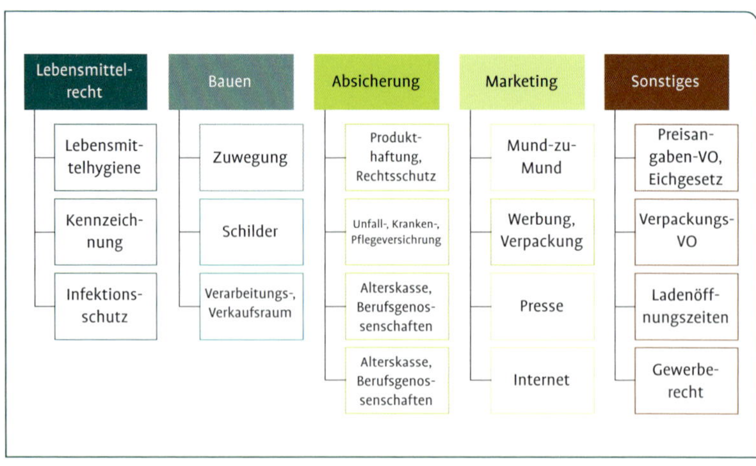

Abb. 12: Was hat der Direktvermarkter zu beachten? (Quelle: Landwirtschaftskammer Niedersachsen)

Anforderungen an die Direktvermarktung

- Die Eier müssen unmittelbar nach dem Legen bis zur Abgabe an den Verbraucher sauber, trocken und frei von Fremdgeruch gelagert und wirksam vor Stößen und vor Sonneneinstrahlung geschützt werden.
- Hühnereier muss man bei einer möglichst konstanten Temperatur lagern. Bei gekühlten Eiern, die bei Raumtemperatur aufbewahrt werden, kann es zu Kondensationen kommen, was zur Vermehrung von Bakterien und gegebenenfalls zum Eindringen in die Schale führen kann. Deshalb sollten Eier nach Möglichkeit bei gleichbleibender Temperatur gelagert transportiert und vor dem Verkauf an den Endverbraucher grundsätzlich nicht gekühlt werden.
- Nur saubere und unverletzte Eier dürfen vermarktet werden.
- Hühnereier darf man generell nicht waschen oder anderweitig reinigen.
- Für die Vermarktung ist es nicht zulässig, gebrauchte und zur Wiederverwendung ungeeignete Eierkleinpackungen bzw. gebrauchte Höckerpackungen zu verwenden. Damit soll das Verschleppen von Krankheitserregern verhindert werden.
- Eier dürfen maximal 21 Tage nach dem Legen an den Verbraucher abgegeben werden.
- Ab dem 18. Tag sind Eier bei einer Temperatur von 5–8 °C zu lagern und zu transportieren.
- Eier darf man nicht auf dem Fußboden lagern.
- Das äußerste Mindesthaltbarkeitsdatum beträgt 28 Tage nach dem Legen.
- Bis zum neunten Tag darf das Ei die Kennzeichnung „Extra frisch“ tragen.
- Seit dem 17. März 2016 können Eier bis zum 21. Tag ungekühlt an Verbraucher abgegeben werden. Bislang war es laut § 20 der Lebensmittelhygiene-Verordnung nötig, die Eier ab dem 18. bei Temperaturen von 5–8 °C zu kühlen. Diese Auflage ist mit Änderung der „Verordnung über Anforderungen an die Hygiene beim Herstellen, Behandeln und Inverkehrbringen von bestimmten Lebensmitteln tierischen Ursprungs“ weggefallen. Der entsprechende Verbraucherhinweis auf der Verpackung „Bei Kühlschranktemperatur aufzubewahren“ kann entfallen.

Die neu überarbeitete und genehmigte **Hygieneleitlinie für Direktvermarkter**, vom Deutschen Bauernverband zusammen mit der Fördergemeinschaft „Einkaufen auf dem Bauernhof“ entwickelt wurde, berücksichtigt aktuelle gesetzliche Vorgaben des Lebensmittelhygienerechts.

Mindestanforderungen der Hygieneleitlinie für Direktvermarkter
- Wareneingangskontrolle
- Rückverfolgbarkeit (Warenfluss)
- Kontrolle der Lagertemperaturen
- Reinigung und Desinfektion
- Wartungspläne der Maschinen
- Schädlingsbekämpfung
- Wasserqualität
- Personalschulungen
- Risikoanalyse der Gefahren

Kennzeichnungs- und Registrierungspflicht

Wenn Eier aus eigener Erzeugung stammen und von Klassifizierungs- und Kennzeichnungsvorschriften der Vermarktungsnormen kein Gebrauch gemacht wird, darf man die Eier ausschließlich nur lose und unsortiert verkaufen. Dieses gilt insbesondere für Betriebe unter 350 Legehennen, die noch nicht im Rahmen des Legehennenbetriebsregistergesetzes (LegRegG) registriert werden müssen und so zu einer sogenannten Kleinsthaltung zählen. Diese Betriebe dürfen ihre Eier ab Hof in 30er Paletten, aus Körben etc. oder in einem Erzeugergebiet (Umkreis 100 km) an der Haustür unmittelbar an den Endverbraucher und nur zu dessen Eigenverbrauch verkaufen. Empfohlen ist die Angabe des Legedatums bzw. das Mindesthaltbarkeitsdatum. Die Eier müssen also nicht gekennzeichnet und nur unter Angabe des Preises abgegeben werden. Jeder Betrieb, der Lebensmittel vertreibt oder verarbeitet, ist zudem beim örtlichen Veterinäramt anzumelden. Nicht zuletzt auch deshalb, weil er Geflügel hält.

Wenn die Eier jedoch auf einem Wochenmarkt, an Wiederverkäufer oder Verkaufsautomaten verkauft werden sollen, dann ist ein Erzeugercode auf dem Ei und eine Registrierung nötig – unabhängig von der Anzahl der Legehennen. Für Betriebe mit mehr als 350 Legehennen, die ab Hof direkt an den Endverbraucher verkaufen, ist nur eine Registrierung Pflicht. Weiter Informationen zu Registrierung, Erzeugercode und Packstelle finden Sie in Tabelle 9.

Fällt Ihr Betrieb unter die Kleinsthaltung bis maximal 350 Legehennen, dann ist keine Kennzeichnung und Registrierung der Eier nötig. Gleichzeitig dürfen Sie die Eier nur lose und unsortiert verkaufen – und zwar nur im Umkreis von 100 km und direkt an den Endverbraucher. Die Angabe des Legedatums bzw. Mindesthaltbarkeitsdatums ist empfehlenswert.
Wollen Sie die Eier auf einem Wochenmarkt verkaufen, dann sind ein Erzeugercode auf dem Ei und eine Registrierung nötig – diese Regelung gilt, egal wie groß der Betrieb ist.

Tab. 9: Wann ist die Registrierung, die Verwendung eines Erzeugercodes und die Packstelle notwendig? (Quelle: Landwirtschaftskammer Niedersachen).

Vermarktungsweg	Registrierung des Stalles (Zuteilung eines Erzeugercodes)	Verwendung des Erzeugercodes auf dem Ei	Notwendigkeit einer Packstelle
Ab Hof/Haustür < 350 Legehennen	Nein	Nein	Nein
Ab Hof/Haustür > 350 Legehennen	Ja	Nein	Nein
Wochenmarkt/Bauernmarkt	Ja	Ja	Nein
Verkaufsautomat	Ja	Ja	Ja (kleine Packstelle möglich)
Großverbraucher und Wiederverkäufer	Ja	Ja	Ja

Wie muss das Ei gekennzeichnet sein?

Unterliegen die Eier der Kennzeichnungspflicht, dann wird auf der Schale der Erzeugercode gestempelt (geprintet), aus dem vor allem die Haltungsform hervorgeht (s. Abb. 13). Diese Nummer setzt sich zusammen aus dem Code für das **Haltungssystem**:

0 = Ökologische Erzeugung   1 = Freilandhaltung
2 = Bodenhaltung   3 = Käfighaltung

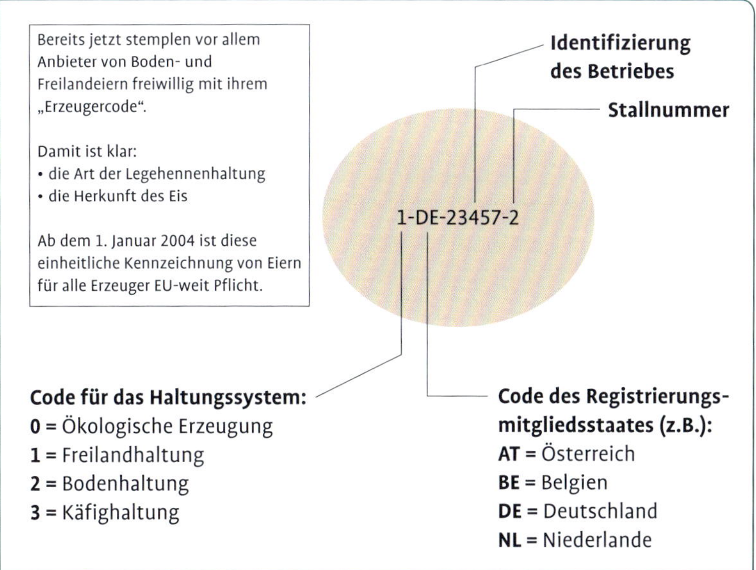

Abb. 13: Welche Informationen stehen auf einem Ei? (Quelle: Pieper)

Nach der Zahl für das Haltungssystem folgt der **Code des Mitgliedstaates** (z. B. DE für Deutschland) und dann eine individuelle **Betriebsnummer**. Bei der Betriebsnummer stehen die beiden ersten Stellen für das Bundesland, die dritte bis sechste Stelle für den Betrieb und die siebte Stelle für den jeweiligen Stall.

Die verwendete Farbe für den Stempel muss den geltenden Vorschriften für Farbstoffe entsprechen, die in Lebensmitteln verwendet werden dürfen. Die Farbe ist für Menschen unschädlich. Beim Kochen geht sie meist verloren und setzt sich auch nicht auf dem Eiweiß ab.

Zusätzlich kann auf der Schale das **Mindesthaltbarkeitsdatum** und ein oder mehrere weitere Daten zur zusätzlichen Information des Verbrauchers aufgedruckt sein. Ebenso können folgende Angaben auf dem Ei zu finden sein.

- Güteklasse
- Gewichtsklasse
- Nummer der Packstelle
- Firmen- oder Warenzeichen
- Name der Firmenbezeichnung der Packstelle
- Art der Legehennenfütterung
- regionale Herkunft

Beachten Sie, dass die Bedeutung des Erzeugercodes zusätzlich auf der Packung und beim Lose-Verkauf auf einem Schild oder einem Begleitzettel erläutert werden muss.

Mindesthaltbarkeitsdatum

Welche Fristen bei der Eiervermarktung einzuhalten sind, erläutert Tabelle 10.

Tab. 10: Fristen der Eiervermarktung – Mindesthaltbarkeitsdatum (Quelle: Pieper).

Frist	Bedeutung für Eiervermarktung
1. Tag	Legedatum
3. Tag	Letzte mögliche Lieferung der Erzeuger an die Packstelle
9. Tag	Bis hier die Bezeichnung EXTRA für ganz frische Eier erlaubt
22. Tag	Ab hier Abgabe an Verbraucher verboten
28. Tag	Ablauf der Mindesthaltbarkeit

Kennzeichnung der Eierpackung

Die Kennzeichnung der Eierpackung **muss** Folgendes enthalten:

- Name und Anschrift des eierliefernden Betriebes oder der Packstelle
- Packstellennummer
- Güte- und Gewichtsklasse der Eier
- Anzahl der verpackten Eier
- Mindesthaltbarkeitsdatum
- Verpackungsdatum der Güteklasse B

- Haltungsform der Legehennen
- Name, Firma oder Handelsmarke des Betriebes
- „Extra“ oder „Extra frisch“ (bis neunten Tag nach Legedatum)

Die Verpackung **kann** enthalten:
- Verkaufspreis
- Betriebsführungscode des Einzelhandels und/oder Lagerhaltungs-Kontrollcode
- ein oder mehrere weitere Daten zur zusätzlichen Unterrichtung des Verbrauchers
- Einzelheiten zu besonderen Lagerungsbedingungen
- Symbole zur Förderung des Verkaufs, sofern diese Symbole und die Art und Weise ihrer Aufbringung nicht geeignet sind, den Käufer irrezuführen
- Legedatum
- Angabe zur Art der Ernährung der Legehennen

Nach welchen Kriterien werden Eier sortiert?

Hühnereier werden nach **Güteklasse** und Gewichtsklasse sortiert (Tab. 11). Das Sortieren darf nur von zugelassenen Packstellen vorgenommen werden.

Tab. 11: Größenkategorien der Eiersortierung (Quelle: Pieper 2017).

Größe der Eier	Kategorie	Gewicht
XL	sehr groß	73 g und darüber
L	groß	63 g bis unter 73 g
M	mittel	53 bis unter 63 g
S	klein	unter 53 g

Güteklasse A

Eier der Klasse A dürfen weder vor noch nach der Sortierung gereinigt, nicht haltbar gemacht und nicht mit einer künstlich unter 5 °C gehaltenen Temperatur gekühlt werden. Sie müssen folgenden Mindestanforderungen genügen:
Luftkammer: höchstens 6 mm, unbeweglich, bei Eiern mit der Banderole „extra“ höchstens 4 mm
Eierschale: normal, sauber, unverletzt
Geruch: frei von Fremdgeruch
Eiklar: klar, durchsichtig von gallertartiger Konsistenz, frei von fremden Einlagerungen jeder Art
Dotter: frei von fremden Ein- oder Auflagerungen jeder Art, beim Durchleuchten nur schattenhaft, ohne deutliche Umrisslinie sichtbar, beim Drehen des Eies nicht wesentlich von der zentralen Lage abweichend
Keim: nicht sichtbar entwickelt

Die Kennzeichnung kann entweder durch die Worte „Güteklasse A“ oder durch den Buchstaben „A“ alleine oder in Verbindung mit dem Wort „frisch“ erfolgen.

Die Kennzeichnung der **Gewichtsklasse** erfolgt durch die festgelegten Buchstaben oder den Begriff oder einer Kombination von beidem. Eier **verschiedener Größe** können auch ohne vorherige Sortierung gemeinsam in eine Kleinpackung verpackt werden. Laut Absatz 1 der Verordnung (EG) Nr. 589/2008 ist in diesem Fall das Mindestnettogewicht der Eier auf der Außenseite der Verpackung in Gramm anzugeben. Ergänzend ist der Hinweis „Eier verschiedener Größe“ oder ein anderer entsprechender Vermerk nötig.

Packstelle

Wann braucht man sie?

Wenn man Eier über einen Handelspartner bzw. Weiterverkäufer vermarkten will, müssen diese in einer Packstelle sortiert werden. Nur Packstellen dürfen Eier nach Güte- und Gewichtsklassen sortieren. Die Zulassung als Packstelle (Erteilung der Erlaubnis zum Sortieren und Verpacken von Eiern) erfolgt beispielsweise in Niedersachen auf Antrag durch das Landesamt für Verbraucherschutz und Lebensmittelsicherheit (LAVES). Eine Packstelle ist auch nötig, wenn Eier in Kleinpackungen vorverpackt werden sollen.

Was tun, wenn man sie braucht?

Für Direktvermarkter, die eine Packstelle benötigen, bestehen folgende Möglichkeiten:

Zusammenarbeit mit zugelassener Packstelle in der Nähe: Die Liste aller zugelassenen Betriebsstellen ist auf der Internetseite des Bundesamtes für Verbraucherschutz und Lebensmittelsicherheit unter http://apps2.bvl.bund.de/bltu/app/process/bvl-btl_p_veroeffentlichung?execution=e3 s1 einsehbar.

Beantragung einer eigenen „kleinen“ Packstelle: Wer Eier in Kleinverpackungen vorverpackt, muss das Gewicht der Eier auf der Verpackung angeben. Hierzu werden geeignete Räumlichkeiten, eine Stabdurchleuchtungslampe, eine Luftkammermessschablone sowie eine geeichte Waage benötigt (s. Abb. 14).

Beantragung einer eigenen Packstelle nach Markt- und Hygienerecht: Gemäß der Verordnung (EG) Nr. 589/2008, Artikel 5, Absatz 1, werden als Packstellen nur Betriebe zugelassen, die bestimmte Bedingungen erfüllen. Sie müssen über die folgenden technischen Anlagen verfügen, die für die ordnungsgemäße Behandlung der Eier erforderlich sind:

- Durchleuchtungsmöglichkeit, die die Qualitätsprüfung der einzelnen Eier ermöglicht (Schierlampe)
- Gerät zum Feststellen der Luftkammerhöhe (z. B. Schablone)
- Anlage zum Sortieren der Eier nach Gewichtsklassen
- geeichte Waage(n) zum Wiegen der Eier
- Geräte (Stempel) zum Kennzeichnen der Eier (wenn die Eier in der Packstelle mit einem Erzeugercode versehen werden sollen)

Anforderungen an die Packstelle

Die Räumlichkeiten und die technische Einrichtung müssen in einem guten Zustand, sauber und frei von Fremdgerüchen sein. Eiersortiermaschinen mit den o. g. Funktionen sind bereits als kleine Tischgeräte (ca. 1600 Eier/h) neu aber auch gebraucht im Fachhandel erhältlich. Größere Standgeräte haben eine entsprechend höhere Leistung. Eier müssen spätestens am 2. Werktag in der Packstelle angeliefert werden.

Eiersortiermaschinen als kleine Tischgeräte erhalten Sie gebraucht oder neu im Fachhandel.

Abb. 14: Beispiel einer kleinen Eierpackstelle (Quelle: Pieper).

3 Geflügelfleischmarkt

Geflügelfleisch kommt gut an

Geflügelfleisch – insbesondere das Hähnchenfleisch –, erfreut sich seit nunmehr 10 Jahren immer größerer Beliebtheit. Obwohl der Fleischverbrauch insgesamt etwas abnimmt, ist beim Hähnchenfleischverzehr ein stetiger Zuwachs zu verzeichnen. Hähnchenfleisch wird aufgrund seiner ernährungsphysiologischen Vorteile und seiner hervorragenden Vielseitigkeit in der Zubereitung immer häufiger gekauft. Der Verbrauch an Putenfleisch ist nahezu konstant (s. Abb. 15).

Allerdings ist der Pro-Kopf-Verbrauch an Geflügelfleisch in Deutschland mit 19,8 kg verglichen mit anderen Industrienationen sehr gering. Die USA liegen mit 47 kg (2015) an erster Stelle. Es folgen Portugal mit 39 kg, Spanien und Irland mit 31 kg, Polen mit 30 kg, Großbritannien mit 28,7 kg und Frankreich mit 26,8 kg. Hähnchenfleisch ist beim Verbraucher sehr beliebt, weil es kalorienarm, bekömmlich, schmackhaft und eine unterschiedliche, schnelle Zubereitung möglich ist.

Hohe Exportzahlen

Der Verbrauch an Geflügelfleisch stieg von 2014 zu 2015 um 1,8 %. Die Bruttoeigenerzeugung, sprich die tatsächliche Inlandserzeugung, stieg lediglich um 1,2 %. Somit sank der Selbstversorgungsgrad um 0,7 % auf 111,5 %. Deutschland hat also mehr produziert als verbraucht. Da man aber den Außenhandel mitberücksichtigen muss, ist zu erwähnen, dass ein erheblicher Anteil als lebendes Schlachtgeflügel exportiert wird – insbesondere in die Niederlande. Mittlerweile macht dieser Anteil etwa 25 % aus, weshalb die deutschen Schlachtungen nicht das Verbrauchsniveau erreichen (MEG-Marktbilanz Eier und Geflügel 2016).

Importe steigen leicht

Aus dem innereuropäischen Markt kommen leicht steigende Importe zu uns herein, wenn der Verbrauch steigt und innerdeutsche Schlach-

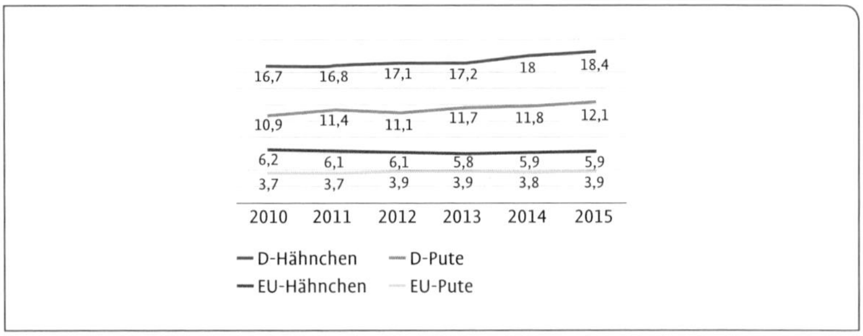

16,7 16,8 17,1 17,2 18 18,4
10,9 11,4 11,1 11,7 11,8 12,1
6,2 6,1 6,1 5,8 5,9 5,9
3,7 3,7 3,9 3,9 3,8 3,9
2010 2011 2012 2013 2014 2015
D-Hähnchen
D-Pute
EU-Hähnchen
EU-Pute

Abb. 15: Deutscher und europäischer Pro-Kopf-Verbrauch an Hähnchen- und Putenfleisch über die Jahre (Quelle: MEG-Marktbilanz Eier und Geflügel 2016).

tungen abnehmen. Grund ist gerade auch die Verschärfung des Baugesetzbuches, das zunehmend eine mindestens 50%ige Futtergrundlage des Betriebes verlangt, um nicht in die Gewerblichkeit zu fallen.

Putenmarkt

Für den deutschen Putenmarkt sind ähnliche Tendenzen zu verzeichnen. Die Bruttoeigenerzeugung stieg 2015 nur leicht um 0,8% an. Die hierzulande geschlachteten Mengen sanken um 0,9%. Der Selbstversorgungsgrad liegt hingegen im Vergleich zu den Hähnchen bei rund 83%. Im- und Exporte halten sich annährend die Waage. Hauptimporte kommen zu etwa einem Drittel aus Polen gefolgt von den Niederlanden mit ca. 16%. Anzumerken ist, dass die Niederlande seit Jahren keine Putenschlachtereien mehr besitzen. Es handelt sich also um Transitware (MEG-Marktbilanz Eier- und Geflügel 2016).

Extensive Geflügelmast

Direktvermarktung von Kleinstbeständen

Die Vermarktung der Kleinstbestände unterscheidet sich sehr deutlich von der Mastgeflügelhaltung in größeren Beständen. In marktnahen Gebieten bei entsprechender Produktqualität und günstigen Verkehrslagen hat sich in diesen Beständen die Direktvermarktung auf Wochenmärkten oder in Hofläden etabliert.

Vorgaben der Geflügelfleischhygiene-Verordnung

Diesen Betrieben schreibt die Geflügelfleischhygiene-Verordnung (GFlHV) eine jährliche Produktionsmenge von max. 10 000 Stück je Betrieb und Jahr vor.

Landwirtschaftliche Betriebe mit einer geringen Geflügelfleischproduktion, die keine Untersuchung von Schlachtgeflügel (Lebendbeschau) oder Geflügelfleisch (Fleischbeschau) vornehmen lassen, und bei denen kein amtlicher Tierarzt die Beurteilung und Tauglichkeit des Fleisches zum menschlichen Verzehr feststellt, dürfen nur unter bestimmten Bedingungen an den Verbraucher abgeben:

- wenn das Fleisch frisch und nicht zerkleinert oder gemahlen ist
- wenn die Vermarktung entweder unmittelbar im Betrieb (ab Hof) oder über höchstens 50 km vom Betrieb entfernte Wochenmärkte oder Einzelhandelsgeschäfte in derselben Ortschaft wie der des Erzeugers oder einer benachbarten Ortschaft erfolgt

Geflügelfleisch gilt dann als „frisch“, wenn es über das Gewinnen, Entbeinen, Zerlegen, Wiegen, Umhüllen, Verpacken, Kühlen, Gefrieren, Tieffrieren, Auftauen, Lagern und Befördern hinaus nicht behandelt worden ist. Weiteres regelt hier die Geflügelfleischhygiene-Verordnung.

Unterschiedliche Mastverfahren

Je nach Marktlage, Neigungen des Mästers, Verbraucherverhalten, Standort usw. lässt sich das Mastverfahren unterscheiden in Kurz-, Splitting-, Mittellang- und Langmast in den größeren Beständen. Kleinsterzeuger bis zu 10 000 Stück Jahresverkaufsmenge unterliegen den Vorgaben der Selbstvermarktung aus der Geflügelfleischhygiene-Verordnung.

Kleine extensive Mastbetriebe

Neben diesem Marktgeschehen, das überwiegend von einer integrativen Hähnchen- und Putenmast jenseits der 1500–2000 m² Stalleinheiten geprägt ist, gibt es doch einen kleinen Markt von extensiv gehaltenem Mastgeflügel. Konventionell oder im Rahmen der ökologischen Erzeugung sprechen wir hier von verschwindend kleinen Prozentanteilen. Die Öko-Hähnchenmast nimmt mit etwa 1 % noch einen geringen Anteil an der Gesamterzeugung ein. Dies liegt wohl hauptsächlich noch an einer fehlenden flächendeckenden Verarbeitungsstruktur und den deutlich erhöhten Produktionskosten. Jedoch kommt zur günstigen Marktlage das kürzlich geänderte und mitunter vereinfachte Lebensmittelhygienerecht in Bezug auf die Schlachtung und Zerlegung von Geflügel im Rahmen kleinerer Verarbeitungsbetriebe hinzu. Zudem auch noch politisch gewollt, ergibt sich somit eine insgesamt gute Voraussetzung.

Aufzucht von Masthähnchen

Die Aufzucht der Küken kann entweder in einem speziell vorbereiteten Mobilstall erfolgen, oder in einem Altgebäude, bis die Jungtiere genug befiedert sind, um in den Mobilstall umzuziehen.

Die kleineren Einheiten werden oftmals in älteren Stallgebäuden oder Mobilställen gehalten. Auch eine Kombination aus beidem ist möglich: Beispielsweise kann eine Voraufzucht der Tiere in Altgebäuden erfolgen, die in den ersten Tagen eine Stalltemperatur von 34 °C gewährleisten. Wenn die Vögel dann ausreichend befiedert sind, kann man sie in den Mobilstall zur Ausmast umsiedeln.

Abbildung 16 zeigt die Aufzucht von Masthähnchen im Mobilstall. Dieser ist zur Kükenaufzucht vorbereitet und zunächst mit ausgerolltem „Kükenpapier“ und darauf befindlichen Stülptränken und Futterschalen ausgestattet. Diese Einrichtungen sollen eine zügige Futter- und Wasseraufnahme gewährleisten. Letztendlich wären für Hähnchenküken die weiterhin befindlichen Tränkebahnen mit den Nippeltränken auch schon in den ersten Tagen ausreichend. Die Gasstrahler, die hier nicht den gesamten Stallinnenraum beheizen, sondern die Küken wie eine Art Glucke wärmen, befinden sich hier etwa auf einem Drittel der Stallhöhe.

Später, bei bereits vorgezogenen Küken, ist eine Heizung nicht mehr nötig und die Tierwärme muss abgeführt werden, wenn die Stallinnentemperatur bei etwa 18 °C bleiben kann (s. Abb. 17). Oft wird auch erst in den Monaten April–Oktober die Hähnchenmast im Mobilstall betrieben.

Abb. 16: Die Aufzucht der Masthähnchen im Mobilstall (Quelle: Wördekemper).

Abb. 17: Die Ausmast der Hähnchen benötig nun keine Wärmequelle mehr (Quelle: Wördekemper).

Managementempfehlungen

Der Unterschied zwischen den erfolgreichen und weniger erfolgreichen Betrieben zeigt sich unter anderem darin, dass eine nicht optimale Bestandsführung zu Mindererlösen führt. Am Beispiel eines Mastdurchganges sollen die wichtigsten Eckpunkte einmal beleuchtet werden.

Maststall reinigen

Vor Ankunft der Küken muss der Maststall gründlich gereinigt werden. Dabei werden mit einem Hochdruckreiniger bei niedrigem Druck zunächst die Stalldecke, Stallwände sowie Futter- und Tränkebahnen eingeweicht bzw. vorgereinigt. Anschließend erfolgt die Hauptreinigung. Der Stall muss zunächst ausreichend trocknen und wird im Anschluss desinfiziert. Desinfektionsgemische werden auch in die Tränkelinien eingebracht und verbleiben dort ca. für 24 h. Mit reichlich Wasser muss man dann die Leitungen und Tränken im Anschluss durchspülen.

Rechtzeitiges Heizen

Nachdem der Stall gereinigt, desinfiziert und wiederum abgetrocknet ist, wird die Stallgrundfläche eingestreut. Mit dem Aufheizen des Stalles ist rechtzeitig vor der Kükenankunft zu beginnen, damit bei Einstallung von Eintagsküken Temperaturen im Tierbereich von 34 °C erreicht werden. Küken bauen erst am 2. bzw.3. Lebenstag ihren eigenen stabilen Wärmehaushalt auf. Bis dahin ist ihre Körpertemperatur von der Stalltemperatur abhängig.

Die Sache mit der Einstreu

Wasserbindevermögen: Der entscheidende Faktor?

In der Hähnchenmast werden seit geraumer Zeit die Themen Einstreu und Fußballengesundheit diskutiert. In den Lehrbüchern heißt es immer noch, dass verschiedene Einstreuarten unterschiedliches Wasserbindevermögen haben. Und nach dem Motto „viel hilft viel!“ müsste folglich eine dicke Einstreumatratze viel Wasser binden – also immer trocken sein, dies ist nicht der Fall. Meistens sind 800–1500 g ausreichend.

Wie aber kann derart wenig Einstreumasse ein so hohes Wasserbindevermögen aufbringen? Richtig ist: Die Einstreu ist niemals in der Lage, die gesamte Wassermenge in einem Hähnchenstall zu binden. Durchschnittlich fallen hauptsächlich aus der Atemfeuchtigkeit und den Witterungseinflüssen über 100 l Wasser pro Quadratmeter Stallboden an. Also was hält nun die Einstreu trocken, wenn es nicht das Wasserbindevermögen ist?

Warme Bodenplatte: Der entscheidende Faktor!

Wichtig ist eine isolierte und warme Bodenplatte. Ob Strohhäcksel, Hobelspäne oder spezielle Strohpellets verwendet werden, ist nicht grundlegend entscheidend. Es muss eine mikrobielle Umsetzung stattfinden. Außerdem kommt es auf eine gute Beweglichkeit der Einstreu, Luftdurchlässigkeit und, wie schon gesagt, die Temperatur der Bodenplatte an. Zum Zeitpunkt der Einstallung sollte die Temperatur bei ca. 28–30 °C liegen. Die Einstreu muss beweglich sein und durch die Bewegung und Durchmischung belüftet werden, damit das anstehende Kotwasser ablüftet und somit abgeführt werden kann.

Findet die Voraufzucht der Küken in einem Altgebäude statt, ist eine vorgeheizte Betonplatte angebracht. Wenn der Mobilstall keine Bodenplatte besitzt, dann ist eine dickere Einstreumatratze nötig.

Ist der Untergrund zu kalt, bildet sich **Kondenswasser** und in der Folge schwere, faulige und schimmelige Einstreu. Es ist also wichtig, die Einstreufeuchte nicht zu binden, sondern abzuführen.

Beugen Sie schimmliger Einstreu und etwaigen Fußläsionen bei Ihren Hühnern vor, indem Sie die Einstreu trocken halten. Achten Sie hierzu darauf, dass die Bodenplatte warm ist und kein Kondenswasser entsteht. Feuchtigkeit muss abgeführt, nicht gebunden werden.

Vermeiden Sie Feuchtigkeit.

Es lässt sich immer wieder feststellen, dass Tiere auf einer nassen Einstreu oft an **Fußballenläsionen** leiden, was bei einer trockenen Einstreu seltener vorkommt. Die Wunden können Schmerzen beim Auftreten verursachen, was dazu führt, dass sich das Tier weniger bewegt. Daher ist auf diese sogenannte Pododermatitis (Reizung und Entzündung der Fußballen) bereits seit Ende der 90er-Jahre ein besonderes Augenmerk geworfen worden.

Wie viel Einstreu braucht man?

Die Einstreumenge beträgt im Mobilstall ca. 1–1,5 kg/m² und die Einstreuhöhe sollte je nach Streuart zwischen 3–5 cm betragen. Diese Einstreu bleibt während der gesamten Mastphase im Stall, stark verschmutzte bzw. zur Nässebildung neigende Stellen sollte man jedoch regelmäßig nachstreuen, um die Gesundheit der Tiere, vor allem der frisch geschlüpften und eingestallten Küken, durch Staub oder Schimmelsporen nicht zu gefährden.

Temperatursteuerung

Küken stellen sehr hohe Ansprüche an die Bedingungen der Umwelt. Daher spielt die Steuerung der Temperatur und der damit zusammenhängenden Luftfeuchtigkeit eine entscheidende Rolle (Tab. 12). Ganz besonders wichtig ist das Lüften kurz vor der Einstallung, um die Stallluft mit Sauerstoff anzureichen.

Im Verlauf der Mast und bei gesundem Bestand kann man sich immer am unteren Limit orientieren. Ist die Einstalltemperatur nicht optimal, z. B. während des Kükentransportes oder im Stallbereich im Winter, kann man versuchen, über die Zufuhr von Traubenzucker im Tränkewasser den Glukosespiegel im Blut in den ersten drei Tagen zu erhöhen.

Das Liegeverhalten der Küken ist ein guter Hinweis, ob die Temperatur richtig gewählt ist: Bei zu niedriger Temperatur drängen sich die Küken zusammen, was die Gefahr der Erstickung einzelner Tiere mit sich bringt. Bei zu hoher Temperatur liegen die Küken mit geöffnetem Schnabel und gespreizten Flügeln auf der Einstreu. In beiden Fällen muss man die Temperatur so schnell wie möglich korrigieren, um Verluste und Leistungsminderungen zu vermeiden.

Steuerung der Luftfeuchtigkeit

Die Temperatur und die Luftfeuchtigkeit im Stall stehen in einem engen Verhältnis. Das subjektive Temperaturempfinden, häufig auch als „gefühlte Temperatur" bezeichnet, sinkt und steigt mit der Höhe der Luftfeuchtigkeit. Mit steigender Luftfeuchtigkeit steigt bei gleicher Temperatur der Wärmeinhalt der Luft.

Tab. 12: Empfohlene Stalltemperaturen in der Hähnchenmast Quelle: Leitfaden Geflügelhaltung, Landwirtschaftskammer Niedersachsen; 2016).

Alter in Tagen	Strahlerheizung	Ganzraumheizung
1–2	32–31	34–32
3–4	30	32–31
5–7	29–28	30–29
8–14	28–26	29–27
15–21	25	26–25
22–28	24	24–23
29–35	22–20	22–20
26–42	21–19	21–19
ab 43	20–18	20–18

Tab. 13: Anzustrebende Luftfeuchtigkeit in der Hähnchenmast (Quelle: Leitfaden Geflügelhaltung, Landwirtschaftskammer Niedersachsen; 2016).

Alter in Tagen	Relative Luftfeuchtigkeit
1–6	> 55 %
7–13	60 %
14–20	67 %
ab 21. Tag	max. 70 %

Zu Beginn der Mastphase herrscht im Stallraum eine niedrige Luftfeuchtigkeit bedingt durch hohe Temperaturen und trockene Einstreu. Mit zunehmender Mastdauer steigt die Luftfeuchtigkeit an (Tab. 13). Ursache ist die Abgabe von Feuchtigkeit aus der Atemluft und den Ausscheidungen.

Die Regulierung der Luftfeuchtigkeit erfolgt über die Lüftung und Heizung. Kommt es im Sommer oder an kalten Wintertagen zu kritischen Temperaturen, muss man Maßnahmen ergreifen, um das Wärmeregulationsvermögen der Tiere zu unterstützen: Im Sommer helfen z. B. höhere Luftwechselraten, Versprühen von Wasser mit dem Effekt der Verdunstungskühlung und Dachberegnungen, um ein verringertes Wachstum und eine schlechte Einstreuqualität verbunden mit den daraus resultierenden Einbußen zu verhindern.

Ist es im Sommer zu heiß im Mobilstall, können Sie durch höhere Luftwechselraten, Versprühen von Wasser und Dachberegnung für Abkühlung sorgen.

Gewichtsentwicklung der Tiere optimieren

Ziel einer Hähnchenmast muss es sein, das Wachstum der Tiere so zu steuern, dass sowohl Wachstumsdepressionen als auch Luxuskonsum des Futters verhindert werden. Dafür ist es nötig, Umweltparameter wie Licht, Futter, Wasser und Einstreu so zu wählen, dass man die Tiergesundheit und Vitalität optimal fördert. Das Aufwachsen der Tiere und Mästen geht dann miteinander einher. Hier kann der Mäster einen sinnvollen Beitrag zum Tierschutz leisten und darüber hinaus Medikamente einsparen.

Das Wachstum eines Masthähnchens verläuft in drei Phasen:
Startphase: In der Startphase bis zum 7. Lebenstag wird die Thermoregulation des Kükens aktiviert, darüber hinaus stellt es die Nahrung von den Bestandteilen des Dotters auf pelletiertes Kraftfutter um. Als wichtigsten Teil seines Lebens lernt das Küken Wasser und Futter aufzunehmen.
Entwicklungsphase: Zwischen dem 7. und 18. Lebenstag schließt die Entwicklungsphase an. Diese Phase ist gekennzeichnet durch das besonders intensive Körperwachstum. Hier vervielfacht sich das Gewicht der Tiere am schnellsten.
Ansatzphase: In der Ansatzphase, dem 3. Lebensabschnitt (ab dem 19./20. Lebenstag), tritt eine rasche Steigerung des Lebendmassezuwachses ein. Bei geeigneten

Umweltfaktoren für die Tiere kann in dieser Phase ein kompensatorisches Muskelwachstum beobachtet werden.

Mit folgenden Managementmaßnahmen lässt sich die Stallumwelt so gestalten, dass die Gewichtsentwicklung im 2. Lebensabschnitt optimal ist:

Licht

Neben der Temperatur trägt auch das Licht erheblich zu einem optimalen Heranwachsen der Hähnchen bei. Licht bzw. Tageslicht beeinflusst die Schlachtkörperqualität, Tiergesundheit und die Verhaltensphysiologie positiv. Ein unterschiedlicher Hell-/Dunkel-Rhythmus fördert das Wachstum während der Startphase vom 1.–10. Tag. Hingegen wird in der Zeit vom 10.–20. Tag das Wachstum der Tiere durch eine längere Dunkelphase optimiert und in der Endmastphase wiederum durch eine verkürzte Dunkelphase kompensiert.

Hell- und Dunkelphasen

Gönnen Sie den Küken nach der Einstallung erst einmal Ruhe und schalten Sie das Licht aus, damit sich die Tiere vom Stress in der Brüterei und dem Transport erholen können.

Während der Hellphase ist eine Mindestbeleuchtung von 20 Lux auf Augenhöhe der Tiere einzuhalten. Während der Dunkelphase kann eine Notbeleuchtung mit einer maximalen Lichtstärke von 2 Lux toleriert werden. Neue Erkenntnisse in der Hähnchenmast legen nahe, den Küken nach der Einstallung sofort Ruhe zu gönnen, da sie in der Brüterei und währen des Transports starkem Stress ausgesetzt wurden. So sollte man nach der Einstallung das Licht für 4–6 h ausschalten für die erste Dunkelphase. Das Lichtprogramm braucht mittlerweile nicht mehr ständig angepasst zu werden. Ein Programm mit 6–8 h Dunkelheit hat sich gut bewährt.

Anforderungen an die Beleuchtungstechnik

Die Beleuchtungstechnik hat folgende Voraussetzungen zu erfüllen:
- flackerfrei
- dimmbar (100–10 %)
- niedrige Wartungskosten
- einfache Automatisierung
- hohen energetischen Wirkungsgrad
- überschaubare Investitionskosten

Glühbirnen vs. Leuchtstoffröhren

Als Beleuchtungssystem kommen entweder Glühbirnen oder Leuchtstoffröhren bzw. LED infrage. Glühbirnen zeichnen sich durch ein flackerfreies Ausleuchten des Stallinneren und durch niedrige Anschaffungskosten aus. Allerdings weisen sie einen niedrigen energetischen Wirkungsgrad auf, können bei Spannungsschwankungen ausfallen und haben außerdem eine Betriebsdauer von nur 1000 h. Deshalb ist der Einsatz von Leuchtstoffröhren empfehlenswert – trotz höherer Anschaffungskosten. Vorteile gegenüber Glühbirnen sind eine längere Betriebsdauer, ein besserer Wirkungsgrad und niedrigere Betriebskosten.

Welche Art von Leuchtstoffröhre?

Es lassen sich zwei Fluoreszenzsysteme unterscheiden: niederfrequente und hochfrequente Lampen. Die Niederfluoreszenzröhren besitzen eine Betriebsdauer von ca. 7000–8000 h und sind unempfindlich gegen Spannungsspitzen. Großer Nachteil: Sie leuchten nicht flackerfrei. Da das Hühnerauge aber über ein höheres Auflösungsvermögen als der Mensch verfügt, kann das ständige Flackerlicht zu Unruhe führen bis hin zu Federpicken. Aus diesem Grund sollte man beim Einsatz von Leuchtstoffröhren Hochfrequenzlampen bevorzugen, auch wenn sie teurer sind, da sie fast flackerfrei leuchten, 12 000 h halten, gut dimmbar sind und eine gute Energieausnutzung besitzen.

Um Ihre Hühner zu schonen und Federpicken vorzubeugen, sollten Sie auf Niederfrequenzlampen verzichten und lieber in die Hochfrequenzlampen investieren.

Natürliches Licht

In Geflügelställen muss der Einfall von natürlichem Licht gegeben sein. Die Lichteinfallsfläche muss 3 %, auf Öko-Betrieben 5 % der Stallgrundfläche betragen und das Licht als Schattenlicht gleichmäßig in den Stall eindringen können. Dabei lassen sich Luftklappen als Lichteinfallsfläche anrechnen, wenn sichergestellt ist, dass durchgehend und ungehindert Tageslicht einfallen kann.

Federpicken bei zu viel Licht

Vereinzelt kann es vorkommen, dass Hähnchen während des Federschiebens (14.–20. Tag) auf einen intensiven, direkten Tageslichteinfall mit dem Auspicken der Federkiele reagieren. In besonders schwerwiegenden Fällen führt das sogar zum Kannibalismus. Bei akutem Federpicken geht daher der Tierschutz vor, und eine Verdunkelung des Stalles ist übergangsweise gestattet. Dann ist es vorteilhaft, Jalousien vor den Fenstern anzubringen, die man je nach Tageslichtintensität herauf- bzw. herablassen kann. Darüber hinaus sollten die Fensterflächen im oberen Drittel der Stallwand installiert sein, um direkte Sonneneinstrahlung zu vermeiden.

Tagesrhythmus hat positiven Einfluss

Ebenso beeinflusst die Tagesperiodik die Hähnchen positiv, was sehr gut in Mobilställen zu beobachten ist. Die Verhaltensweisen während eines Tages sind unterschiedlich und über Tage gleichlaufend. Während morgens mehr Aktivität beobachtet werden kann, treten in den Nachmittags- und Abendstunden ruhigere Phasen auf.

Wasserzusätze für die Tränke

Organische Säure tut gut

Ein Säurezusatz von organischen Säuren 2-mal pro Woche trägt erheblich zum Wohlbefinden der Tiere bei und verbessert das Stallklima zugunsten trockener Einstreu. Außerdem fördert der Zusatz die Tiergesundheit und beugt so einem übermäßigen Gebrauch von Medikamenten vor. Auch das Hähnchenfleisch als Lebensmittel profitiert.

Durch die erwähnten Managementfaktoren können Sie das Aufwachsen der Hähnchen so steuern, dass die Wachstumskurve im mittleren Mastabschnitt nicht einbricht. Außerdem lässt sich dadurch die Tiergesundheit wie Kreislauf und Beinwerk fördern.
Das kompensierte Wachstum in der letzten Mastphase ist von wirtschaftlicher Seite vorteilhaft.

Geeignete Tränken

Als Tränkesystem kommen in der Geflügelmast Stülptränken, Rundtränken und Cup- oder Nippeltränken infrage. In der herkömmlichen Hähnchenmast haben sich die Cup- und Nippeltränken durchgesetzt. Die Höhe der Tränken muss man an die zunehmende Größe der Tiere anpassen. Als Planungsgröße dienen die Vorgaben aus Tabelle 14.

Fütterung richtig planen

In der Hähnchenmast haben die Futterkosten mit einem Anteil von etwa 60 % den größten Teil an den variablen Kosten. Außerdem entscheidet überwiegend die Fütterung über den Masterfolg. Moderate Tageszunahmen, geringe Verluste und eine daraus resultierende günstige Futterverwertung sind auch in der extensiven Geflügelmast die Fütterungsziele. Dabei muss man die Futterrezepturen dem Nährstoffbedarf der Tiere anpassen und dem Alter entsprechende Fütterungsstrategien anwenden. Diese Faktoren entscheiden über die Qualität der Schlacht-

Tab. 14: Futter- und Tränkeeinrichtungen (Quelle: Leitfaden Geflügelhaltung, Landwirtschaftskammer Niedersachsen; 2016).

Tränke- und Futtereinrichtungen	Einheit
Kükentränke	1 Tränke pro 100 Küken
Rundtränke	0,66 cm pro kg Lebendgewicht
Cup- bzw. Nippeltränke	15 Tiere pro Cup bzw. Tränkenippel
Kükenfutterschale	1 Schale für 60 Küken
Rundtröge	0,66 cm pro kg Lebendgewicht
Längströge	1,5 cm pro kg Lebendgewicht

körper, die Höhe der Futterkosten sowie die Einstreubeschaffenheit. Deshalb muss in der Hähnchenmast eine den Lebensphasen der Tiere angepasste Fütterung erfolgen (Tab. 15). Im Einsatz sind drei Futtertypen:

- **Starterfutter:** Dieses Futter wird in den ersten 8–12 Lebenstagen eingesetzt. Es gewährleistet eine rasche Entwicklung der Küken, berücksichtigt den speziellen Nährstoffbedarf in dieser Entwicklungsphase und wird in einer Gesamtmenge von 200–300 g verfüttert – je nach Kükengewicht.
- **Mittelmastfutter:** Eingesetzt im Lebensabschnitt vom 11.–30. Tag macht dieser Futtertyp den Hauptanteil der Masthähnchenfütterung aus. Dieser Mastabschnitt ist durch ein höheres Körperwachstum geprägt.
- **Endmastfutter:** In dieser Phase steigt die hohe Mastleistung weiter an. Der Rohproteinanteil dieses Futters ist abgesenkt worden.

Energiegehalt und Futterverwertung

Die oben aufgeführten Energiewerte beziehen sich auf schnell wachsende Tiere. Für langsam wachsende Rassen gibt es kaum exakte Bedarfszahlen zu Energie- und Nährstoffwerten. Die gesamte Futteraufnahme wird über die Energieaufnahme begrenzt. Daher muss auch bei langsam wachsenden Tieren eine gewisse Energiedichte erreicht werden, damit die erwünschten Endgewichte bei einer verminderten Futteraufnahme, sprich optimaler Futterverwertung, erreicht wird. Der

Tab. 15: Zusammensetzung von praxisüblichen Geflügelmastfutter in der Hähnchenmast (Quelle: Leitfaden Geflügelhaltung, Landwirtschaftskammer Niedersachsen; 2016).

	Starterfutter	Mastfutter	Endmastfutter
Energie (MJ JE)	12,5	13,0	12,5
Rohprotein (%)	20–22	20–18	17–19
Lysin %	1,20	1,16	1,09
Methionin (%)	0,55	0,53	0,51
Methionin + Cystin (%)	0,91	0,90	0,86
Threonin (%)	0,76	0,74	0,70
Tryptophan (%)	0,20	0,20	0,18
Calcium (%)	1,00	0,82	0,77
Phosphor* (%)	0,60	0,51	0,48
Kokzidiostatikum	+	+	+/--

* Nicht-Phytin-Phosphor

Energiegehalt sollte hier in einem Bereich zwischen 11,5–12,5 MJ ME liegen.

Zufütterung von Weizen

Was Tiergesundheit und Mastleistung angeht hat sich die **Weizenzufütterung** in der Hähnchenmast gut bewährt. Dabei wird oftmals betriebseigener Weizen in ganzen Körnern dem Alleinfutter mit einem Anteil bis zu 20 % beigemengt, bei speziellem Ergänzungsfuttermittel können es auch bis zu 40 % sein.

Zufütterung von Weizen oder Triticale

Vorteile:

Die Futterkosten je Tier lassen sich durch das Beimengen des preiswerten Getreides herabsetzen.

Die Gewichtsentwicklung zum optimalen Mastendgewicht wird positiv beeinflusst.

Die Zufütterung ganzer Körner regt die Magenmuskeltätigkeit an und erhöht die Kreislaufstabilität.

Erhöhte Magensäureproduktion senkt den pH-Wert im Magen und begünstigt die enzymatische Verdauung durch besseren Aufschluss.

Nachteile:

Ganze Körnern führen zu einer „Nährstoffverdünnung“, da das Futteraufnahmevermögen der Tiere begrenzt und der Nährstoffbedarf sehr hoch ist.

Daher muss man vor allem auf die Versorgung mit der Aminosäure Lysin achten, um Leistungsdepressionen zu vermeiden.

Wenn Sie mit der Zufütterung von Weizen beginnen, sollten Sie den Anteil zur Gewöhnung langsam steigern. Denken Sie daran, zwei Tage vor dem Schlachttermin die Zufütterung einzustellen.

Die Zufütterung mit Weizen zum Ergänzungsfuttermittel erfolgt in der Regel nach der Starterphase. Unabhängig von der Fütterungsstrategie sollte man zur Gewöhnung langsame den Weizenanteil steigern. Ein Absetzen der Weizenkörner ist zwei Tage vor dem Schlachttermin nötig, um Körnerrückstände im Magen zu vermeiden. Eine Ausnüchterung sollte über 6–8 h am Schlachttag erfolgen.

Wirtschaftlichkeit der mobilen Hähnchenmast

In der Masthähnchenhaltung sind mehrere Mastverfahren üblich. Daher ist es zum einen sehr schwierig, eine generelle Rentabilität der gesamten „mobilen" Hähnchenmast auszuweisen und zum anderen das Ergebnis ganz bestimmter Annahmen. Diese müssen genau definiert werden, damit eine Rentabilitätsberechnung nachvollziehbar ist.

Verfahren 1: ohne separate Aufzucht

Hier ist zunächst die Aufzucht und Mast von 300 Mastküken in einem Mobilstall beschrieben. Es findet also die Aufzucht der Küken und die sofortige Mastphase nach dem „All-in-/All-out-" oder „Rein-/Raus"-Verfahren statt. Bei einer Mastdauer zwischen 65–70 Masttagen und einer Servicezeit von etwa 10–14 Tagen zur Reinigung, Desinfektion und dem Wiederherrichten für eine neue Kükenankunft sind ca. 4,6 Mastdurchgänge im Jahr möglich. Aufgezogen werden hier extensiv wachsende Herkünfte wie Hubbard breeders ISA-757. Der Mobilstall muss dementsprechend mit einer Wärmequelle versehen sein.

Wirtschaftlichkeit bei fehlender separater Voraufzucht

Im Rechenbeispiel 1 finden wir die denkbar ungünstigsten ökonomischen Voraussetzungen vor: zum einen durch die langsam wachsenden Herkünfte, zum anderen durch die nicht getrennte Haltung zwischen

Rechenbeispiel 1 ohne separate Voraufzucht
Planungsgrundlagen Produktion:
Rasse: Hubbard Breeders (ISA JA-757)
Mastverfahren: extensive Langmast mit Direktvermarktung
1.– 28. Masttag = Aufzucht; Endgewicht 860 g
29.–56. Masttag = Mittelmast; Endgewicht 2355 g
57.–70. Masttag = Endmast; Endgewicht 2950 g

Schlachtzeitpunkt: 65. Tag
Besatzstärke Mobilstall: 30 kg/m²
Besatzdichte: 13 Tiere/m²
Mastendgewicht: 2650 g
Schlachtausbeute: 71 %
Schlachtgewicht: 1880 g
Mastdurchgänge: 4,6
Leerstehzeit: 14 Tage
Tageszuname: 42 g
Futterverwertung: 1 : 2,65
Gesamtverluste: 4 % (96 % verwertete Tiere)
Futterpreis der konventionellen Eigenmischung: 28,50 €/dt
Erlös je Kilogramm Schlachtgewicht: 8 € (netto)

Planungsgrundlagen Haltung:
Stallkosten Mobilstall mit 300 Stallplätzen und Heizung: 15 000 € (netto)
Stallplatzkosten: 50 € (netto)
Arbeitsaufwand: 500 Akh
Auslauf: 1 Quadratmeter je Tier

Erlöse:
300 eingestallte Küken × 4,6 Mastdurchgänge × 96 % verwertete Tiere
1325 vermarktete Tiere × 1880 g Schlachtgewicht × 8 €/kg
Summe Erlöse: 19 928 €

Variable Kosten:
1380 eingestallte Küken × 0,90 €/Küken: 1242 €
1352 Masthähnchen (Durchschnittsbestand) × 7 kg Futter × 0,285 €/kg Futter: 2697 €
1352 × 0,80 €/Tier sonstige variable Kosten (z. B. Energie, Wasser, Beiträge): 1082 €
1325 Tiere × 2,20 € Schlachtkosten: 2915 €
Summe variabler Kosten: 7936 €

Festkosten:
Mobilstallinvestition: 15 000 € (12 Jahre/5 %/2 %): 1925 €
Summe fester Kosten: 1925 €

Opportunitätskosten:
Stallfläche und Wechselweide (1300 m²/300 € Pacht je ha): 40 €
Summe Opportunitätskosten: 40 €

Erlöse – variabler Kosten – Festkosten – Opportunitätskosten:
19 928 – 7936 – 1925 – 40 = 10 027 €
Mögliche Entlohnung von 500 Akh: **20 €/h**

der Aufzucht und der Mast mit der damit verbundenen niedrigen Anzahl von erreichten Mastdurchgängen. Obwohl dieses Mastverfahren eine stabile Tiergesundheit und ein relativ geringes Arbeitsaufkommen beinhaltet, bedeutet eine Stundenentlohnung von ca. 20 € je Arbeitskraftstunde das untere bis maximal mittlere Maß rentabler Betriebszweige.

Eine Möglichkeit der Optimierung ist das bereits beschrieben Verfahren mit einer separaten Aufzucht der Küken in einem Feststall. Die Wirtschaftlichkeit fällt dann folgendermaßen aus:

Verfahren 2: mit separater Aufzucht

Das zweite und weit verbreitete Verfahren ist eine Voraufzucht in einem bereits vorhandenen Altgebäude bis etwa dem 21.–28. Tag. Hier lassen sich ungenutzte Massivbauten wieder sinnvoll nutzen und eignen sich meist hervorragend zur Installation der benötigten Isolation.

Umbaukosten eines Altgebäudes zur Kükenaufzucht

Als grobe Umbaukosten eines Altgebäudes zur Kükenaufzucht kann man Folgendes annehmen:

- Zum Aufbau einer glatten Bodenplatte mit Estrich und einer Styrodurunterschicht kann man mit ca. 30–35 € je Quadratmeter rechnen.
- Die Installation von Heizkanonen oder Zonenstrahlern, die Fütterungs- und Tränketechnik, die flackerfreien Lichtquellen und das Kleinmaterial nehmen etwa 100 € pro Quadratmeter in Anspruch.
- Die Gebäudeisolierung und die etwaige Errichtung von zusätzlichen Fensterflächen fallen mit ca. 70 € je Quadratmeter ins Gewicht.

Insgesamt belaufen sich solche Umbaukosten also auf etwa 200 € je Quadratmeter Stallgrundfläche. Nach Ende der Aufzucht bei anlaufender Mastphase etwa um den 21. –28. Lebenstag erreichen extensive Mastrassen etwa ein durchschnittliches Gewicht von 860–880 g Lebendgewicht. Die anschließende Phase vom 22. bzw. 28. Tag bis zur Vermarktung um den 63.–70. Tag endet dann mit einem Gewicht zwischen 2650–2950 g, was einer Tageszunahme von ca. 42 g entspricht. Das Schlachtgewicht beträgt etwa 1930–2150 g.

Bei der Fütterung ist eine Eigenmischung wie im Kapitel über die Fütterung angenommen worden. Die Kosten dieser Mischung belaufen sich auf 28,50 € je Dezitonne. Bei einem Aufwand von 2,65 kg Futter zur Bildung von einem Kilogramm Körpermasse (Futterverwertung 1 : 2,65) ergibt sich ein Futteraufwand pro verwertetem Tier von 6,5 kg.

Wirtschaftlichkeit bei separater Voraufzucht

Rechenbeispiel 2 mit separater Voraufzucht
Planungsgrundlagen Produktion:
Rasse: Hubbard Breeders (ISA JA-757)
Mastverfahren: extensive Langmast mit Direktvermarktung
1.–28. Masttag = Aufzucht; Endgewicht 860 g
29.–56. Masttag = Mittelmast; Endgewicht 2355 g
57.–70. Masttag = Endmast; Endgewicht 2950 g

Schlachtzeitpunkt: 65. Tag
Besatzstärke Mobilstall: 30 kg/m²
Besatzdichte Mobilstall: 13 Tiere/m²
Besatzdichte Aufzuchtstall: 10 Tiere/m²
Mastendgewicht: 2650 g

Schlachtausbeute: 71 %
Schlachtgewicht: 1880 g
Mastdurchgänge: 7,6
Leerstehzeit: 14 Tage
Tageszuname: 42 g
Futterverwertung: 1 : 2,65
Gesamtverluste: 4 % (96 % verwertete Tiere)
Futterpreis der konventionellen Eigenmischung: 28,50 €/dt
Erlös je Kilogramm Schlachtgewicht: 8 € (netto)

Planungsgrundlagen Haltung:
Stallkosten Mobilstall mit 300 Stallplätzen und Heizung: 15 000 € (netto)
Stallplatzkosten Mobilstall: 50 € (netto)
Umbaukosten Altgebäude zur Aufzucht: 6000 €
Arbeitsaufwand: 500 Akh
Auslauf: 1 Quadratmeter je Tier

Erlöse:
300 eingestallte Küken × 7,6 Mastdurchgänge × 96 % verwertete Tiere
2189 vermarktete Tiere × 1880 g Schlachtgewicht × 8 €/kg
Summe Erlöse: 32 922 €

Variable Kosten:
2280 eingestallte Küken × 0,90 €/Küken: 2052 €
2234 Masthähnchen (Durchschnittsbestand) × 7 kg Futter × 0,285 €/kg Futter: 4456 €
Tiere × 0,80 €/Tier sonstige variable Kosten (z. B. Energie, Wasser, Beiträge): 1787 €
2189 Tiere × 2,20 € Schlachtkosten: 4816 €
Summe variabler Kosten: 13 111 €

Festkosten:
Mobilstallinvestition: 15 000 € (12 Jahre/5 %/2 %): 1925 €
Umbau Altgebäude: 6000 € (12 Jahre/5 %/2 %): 770 €
Summe fester Kosten: 2695 €

Opportunitätskosten:
Stallfläche und Wechselweide (1300 m²/300 € Pacht je ha): 40 €
Summe Opportunitätskosten: 40 €

Erlöse – variabler Kosten – Festkosten – Opportunitätskosten:
32 922 € – 13 111 € – 2695 € – 40 € = 17 076 €
Mögliche Entlohnung von 600 Akh = **28,46 €/h**

Das Rechenbeispiel 2 zeigt, dass sich eine separate Voraufzucht lohnt: trotz eines höheren Arbeitsbedarfes und einer Umstallung, die wiederum 1–2 Tage der Gewöhnung der Tiere an die neue Haltungsumwelt benötigt. Die Anzahl der erreichbaren Durchgänge macht den großen Unterschied. Eine Stundenentlohnung von rund 28,50 € oder ein Monatseinkommen von rund 1400 € bezogen auf eine Drittel Arbeitskraft, stellt ein attraktives Betriebseinkommen dar.

Eine separate Voraufzucht lohnt sich – trotz Umstallung und einem höheren Aufwand.

Oft sind die extensiven Herkünfte nur begrenzt verfügbar. Der Grund liegt bei den noch zu wenigen Elterntierhaltungen. Der Bedarf solcher Herkünfte steigt auch erst seit jüngster Zeit deutlich an. So waren bis vor Kurzem die extensiv veranlagten Herkünfte lediglich für den Ökomarkt.

Verfahren 3: Erwerb vorgezogener Tiere

Eine weitere sehr verbreitete Möglichkeit, Hähnchen in einem Mobilstall zu mästen, besteht darin, vorgezogene Tiere mit einem Gewicht von 800–1600 g zu erwerben. Bezugsquellen sind z. B. Züchter oder die Direktabnahme von einem konventionellen Hähnchenmäster. Wenn beispielsweise ein Teilverkauf in einem festen Hähnchenmaststall, der sogenannte „Vorgriff", nach 30–33 Tagen mit eben diesem Gewicht von 1600 g erfolgt, dann wäre ein Bezug solcher Tiere möglich. Großer Vorteil dabei: Die Tiere haben bereits die kritische Phase der Kükenaufzucht hinter sich und besitzen eine gute Befiederung – somit können sie direkt in den Mobilstall einziehen.

Vorteile

Wie bereits erwähnt, haben Küken in den ersten Lebenstagen keine eigene Thermoregulation, weshalb sie keine konstante Körpertemperatur halten können. Weiterhin wird in den ersten 8–10 Tagen ein sehr spezielles Kükenaufzuchtfutter (Starter) verfüttert. Beim Erwerb vorgezogener Hähnchen hätten die jungen Tiere all dies bereits hinter sich. Die Stallverluste in der gesamten Mastperiode üblicher Masten liegen bei 2,5–3,5 %, der Hauptteil dieser Verluste ist in den ersten 14–20 Tagen zu verzeichnen. Auch dieses Risiko wäre mit dem Zukauf solcher Tiere minimiert. Herkünfte der schnellwachsenden Art sind z. B. ROSS 308, ROSS 708 oder Cobb 500.

Neue Planungsgrundlagen

Aus bereits vorgezogenen Tieren und schneller wachsenden Herkünften, ergeben sich vollkommen neue Planungsdaten. Unter normalen Bedingungen nehmen solche Herden in einem Feststall 62–65 g Körpermasse je Tag zu. Der Aufwand eines Alleinfutters für Masthähnchen zur Bildung von einem Kilogramm Körpermasse liegt lediglich bei 1,5–1,6 kg.

Wirtschaftlichkeit beim Zukauf von vorgezogenen Tieren

Auch hier ist wieder die Betrachtung bestehender Annahmen nötig. In dem folgenden Beispiel ist eine Aufstallung auch nur in den Monaten von März–November vorgesehen worden. Weiterer Vorteil hierbei ist, dass der Stall nur noch begrenzt beheizt werden muss. Lediglich die Tierwärme muss man abführen.

Rechenbeispiel 3 mit Zukauf von vorgezogenen Tieren

Schlachtzeitpunkt: 63.–65. Tag
Mastdauer: 30 Tage
Besatzstärke Mobilstall: 30 kg/m²
Besatzdichte Mobilstall: 13 Tiere/m²
Mastendgewicht: 3500 g
Schlachtausbeute: 73 %
Schlachtgewicht: 2500 g
Mastdurchgänge: 6,3
Leerstehzeit: 14 Tage
Tageszuname: 55 g
Futterverwertung: 1 : 1,8–2
Gesamtverluste: 4 % (96 % verwertete Tiere)
Futterpreis der konventionellen Eigenmischung: 28,50 €/dt
Erlös je Kilogramm Schlachtgewicht: 8 € (netto)

Planungsgrundlagen Haltung:

Stallkosten Mobilstall mit 300 Stallplätzen und Heizung: 15 000 € (netto)
Stallplatzkosten: 50 € (netto)
Arbeitsaufwand: 500 Akh
Auslauf: 1 Quadratmeter je Tier

Erlöse:

300 eingestallte Küken × 6,3 Mastdurchgänge × 98 % verwertete Tiere
1852 vermarktete Tiere × 2500 g Schlachtgewicht × 6,50 €/kg
Summe Erlöse: 30 095 €

Variable Kosten:

1890 eingestallte Küken × 3 €/Küken: 5670 €
1870 Masthähnchen (Durchschnittsbestand) × 3,6 kg Futter × 0,285 €/kg Futter: 1026 €
1870 Tiere × 0,80 €/Tier sonstige variable Kosten (z. B. Energie, Wasser, Beiträge): 1496 €
1852 Tiere × 2,20 € Schlachtkosten: 4074 €
Summe variabler Kosten: 12 266 €

Festkosten:
Mobilstallinvestition: 15 000 € (12 Jahre/5 %/2 %): 1925 €
Summe fester Kosten: 1925 €

Opportunitätskosten:
Stallfläche und Wechselweide (1300 m²/300 € Pacht je ha): 40 €
Summe Opportunitätskosten: 40 €

Erlöse – variabler Kosten – Festkosten – Opportunitätskosten:
30 095 € – 12 266 € – 1925 € – 40 € = 15 864 €
Mögliche Entlohnung von 500 Akh = **31,72 €/h**

Wie das Rechenbeispiel 3 zeigt, ergibt sich bei dieser Variante eine attraktive Entlohnung der eingesetzten Arbeitskraft. Ein monatliches Einkommen von 1300 € auf 500 h stellt hier eine sehr gute Entlohnung von etwa 32 €/h dar. Das Heranfahren der vorgezogenen Tiere, aber auch die Masten von lediglich 9 Monaten gleichen hier den Arbeitsaufwand wieder an.

Wenn man bei dieser Variante von einer saisonalen zu einem ganzjährigen Angebot der Hähnchen übergehen kann, dann ist ein hoch interessanter Betriebszweig zu erwarten, der die Legehennenhaltung deutlich übertrifft.

Mit der Zukauf-Variante lässt sich die attraktivste Entlohnung erzielen. Wenn Sie ganzjährig produzieren, kann dieser Betriebszweig die Legehennenhaltung deutlich übertreffen.

Ökologische Masthähnchenhaltung

Die preislichen Unterschiede zwischen Eiern aus einer konventionellen Freilandhaltung und denen aus einer ökologischen Haltung betragen nur wenige Cent. Ein Kilo Öko-Hähnchenfleisch hingegen kostet an der Ladentheke etwa das Doppelte bis Dreifache des konventionellen Pendants. Dennoch gibt es auch hier eine Nachfrage am Markt, die derzeit sogar das knappe Angebot deutlich übersteigt.

Auflagen der EU-Öko-Verordnung

Wer Öko-Mastgeflügel hält, muss einige Auflagen der EU-Öko-Verordnung einhalten, die über die Tierschutz-Nutztierhaltungs-Verordnung hinausgehen. Zudem ist es ratsam, in einen Ökoverband einzutreten, um dadurch die Vermarktungswege zu verbessern.

- Es dürfen maximal 4800 Tiere pro Stall gehalten werden.
- Stalleinrichtungen können über mehrere Ställe gemeinsam genutzt werden – vorausgesetzt, dass alle Tiere, die von den gemeinsamen Einrichtungen betroffen sind, zur gleichen Zeit ein- und ausgestallt werden.
- Die Gesamtnutzfläche der Geflügelställe je Produktionseinheit darf 1600 m² nicht überschreiten.

- Für die Außenfläche gilt eine Stickstoff-Obergrenze von 170 kg N/ha/Jahr. Das entspricht einem Nährstoffäquivalent von 580 Masthähnchen pro Hektar.

Auslauf

Ab einer gleichmäßigen Befiederung müssen die Tiere Zugang zu einem Auslauf, der auch befestigt sein kann, oder einem Wintergarten haben. Mindestens im letzten Drittel der Mastperiode muss das Geflügel die Möglichkeit zum vollen Grünauslauf haben (= hier 2,5 m² bei Masthähnchen).

Herkunft der Tiere

In der Regel setzt man im Ökolandbau die langsam wachsende Linie Hubbard ISA 757 ein. Von dieser Herkunft existieren bereits auch schon Öko-Elterntierbestände. Werden keine langsam wachsenden Rassen bzw. Linien verwendet, weil sie nicht zur Verfügung stehen oder die Transportwege zu lang sind, muss das Mindestalter von Hühnern bei der Schlachtung 81 Tage betragen, und der Zukauf der Tiere muss spätestens am dritten Lebenstag erfolgt sein. Eine Voraufzucht in einem konventionellen Betrieb ist demnach nicht möglich und oft auch nicht gewollt. Die Nachweispflicht beim Einsatz der herkömmlichen Rassen liegt beim Tierhalter und sollte mit der Kontrollstelle abgesprochen werden.

Futter

Das Futter stammt von Öko-zertifizierten Futtermühlen. Mindestens 50 % des Futters muss man selbst bzw. mithilfe von Kooperationspartnern wie Öko-Pflanzenbauern erzeugen. Der Mist ist auf Öko-Flächen auszubringen. Die Umstellungszeit des Grünauslaufes beträgt normalerweise zwölf Monate. Der Beginn dieser Umstellung ist der Zeitpunkt der Anmeldung bei der Öko-Kontrollstelle. Dies ist also in der Regel der erste Schritt eines Neuumstellers bzw. eines Neupächters/Neu-Einsteigers.

Verkauf

Die Vermarktung der Hähnchen kann entweder mit einem festen Vermarktungspartner geschehen oder in der Direktvermarktung.

Tab. 16: Besatzdichte in verschiedenen ökologischen Haltungssystemen (Quelle: EU-Ökoverordnung 889/2008 Anhang III).

Mastgeflügel	Anzahl Tiere/m²	Maximales Lebendgewicht in kg/m²	Außenfläche in m²/Tier
In festen Ställen	10	21	4
In mobilen Ställen (< 150 m²)	16	30	2,5

Wirtschaftlichkeit der Öko-Mast

In der aufgeführten Rentabilitätsberechnung wurde eine Haltung von 300 Mastplätzen zugrunde gelegt. Dabei ist von folgenden biologischen und ökonomischen Annahmen ausgegangen worden.

Die ökologische Hähnchenmast erreicht hier ebenfalls eine gleichwertige Stundenentlohnung wie die konventionelle Mast in Mobilställen. Ähnlich wie in der Legehennenhaltung führen die höheren Erlöse und die deutlich höheren variablen Kosten (hier insbesondere das Futter) bei annähernd gleichen Festkosten zu einer gleichwertigen Rentabilität.

Die Entlohnung bei der Öko-Mast ist vergleichbar mit der in einer konventionellen Mobilstallmast.

Rechenbeispiel mit Öko-Mast
Planungsgrundlagen Produktion:
Rasse: Hubbard Breeders (ISA JA-757)
Mastverfahren: Ökologische Langmast mit Direktvermarktung
1.–28. Masttag = Aufzucht; Endgewicht 820 g
29.–56. Masttag = Mittelmast; Endgewicht 2200 g
57.–70. Masttag = Endmast; Endgewicht 2750 g

Schlachtzeitpunkt: 72. Tag
Besatzstärke Mobilstall: 30 kg/m²
Besatzdichte Mobilstall: 10 Tiere/m²
Besatzdichte Aufzuchtstall: 10 Tiere/m²
Mastendgewicht: 2750 g
Schlachtausbeute: 67 %
Schlachtgewicht: 1870 g
Mastdurchgänge: 7,3
Leerstehzeit: 14 Tage
Tageszuname: 38 g
Futterverwertung: 1 : 2,65
Gesamtverluste: 4 % (96 % verwertete Tiere)
Futterpreis des ökologischen Zukauffutters: 58,50 €/dt
Erlös je Kilogramm Schlachtgewicht: 11,50 € (netto)

Planungsgrundlagen Haltung:
Stallkosten Mobilstall mit 245 Stallplätzen und Heizung: 15 000 € (netto)
Stallplatzkosten Mobilstall: 57 € (netto)
Umbaukosten Altgebäude zur Aufzucht: 6000 €
Arbeitsaufwand: 500 Akh
Auslauf: 1 Quadratmeter je Tier

Erlöse:
245 eingestallte Küken × 7,3 Mastdurchgänge × 95 % verwertete Tiere
1700 vermarktete Tiere × 1870 g Schlachtgewicht × 11,50 €/kg
Summe Erlöse: 36 558 €

Variable Kosten:
1788 eingestallte Küken × 0,90 €/Küken: 1610 €
1745 Masthähnchen (Durchschnittsbestand) × 7,3 kg Futter × 0,585 €/kg Futter: 7439 €
Tiere × 1,20 €/Tier sonstiger variabler Kosten (z. B. Energie, Wasser, Beiträge): 2094 €
1700 Tiere × 2,20 € Schlachtkosten: 3740 €
Summe variabler Kosten: 14 883 €

Festkosten:
Mobilstallinvestition: 15 000 € (12 Jahre/5 %/2 %): 1925 €
Umbau Altgebäude: 6000 € (12 Jahre/5 %/2 %): 770 €
Summe fester Kosten: 2695 €

Opportunitätskosten:
Stallfläche und Wechselweide (1300 m²/300 € Pacht je ha): 40 €
Summe Opportunitätskosten: 40 €

Erlöse – variabler Kosten – Festkosten – Opportunitätskosten:
36 558 € – 14 883 € – 2695 € – 40 € = **18 940 €**
Mögliche Entlohnung von 600 Akh = **31,55 €/h**

4 Technik

Serielle Mobilsysteme

Seit der Jahrtausendwende haben sich verschiedene Formen der Mobilität am Markt herauskristallisiert. Heute unterscheidet man zwischen „Vollmobil“ und „Teilmobil“.

Vollmobilställe

Vollmobile Ställe mit Bodenplatte und Rädern werden meist autark von Strom- und Wasserversorgungen flexibel in der Fruchtfolge eingesetzt. Baulich stellt die hohe Mobilität erhöhte Anforderungen an den Stall.

Aufgrund der hohen baulichen Ansprüche eines Vollmobilstalles sind die Hennenplatzkosten in der Regel höher als bei teilmobilen Systemen.

Teilmobilställe

Teilmobile Systeme mit und ohne Bodenplatte – häufig Kufenställe –, werden bauartbedingt deutlich seltener versetzt. Der Boden unter und im stallnahen Bereich der Modelle ohne Bodenplatte wird nach dem Versetzen von Kot und Einstreu gereinigt und neu eingesät. Eine übermäßige Parasitenanreicherung lässt sich mit diesem System in der Regel vermeiden. Die Nährstoffeinträge sind geringer als in stationären Systemen.

Aufgrund ihrer geringen Mobilität und der fehlenden Räder betreibt man die teilmobilen Systeme normalerweise ortsgebunden. Allerdings kommt es auch bei einigen sehr großen vollmobilen Ställen mit Rädern vor, dass sie eher dauerhaft vor Ort bleiben. Meist verhindert dann die Breite der vollmobilen Ställe, dass zum Ortswechsel eine Straße befahren werden kann.

Wördekemper GmbH & Co. KG

Die in Rietberg ansässige Firma Wördekemper ging etwa 2001 auf den Markt. Ihre Modelle sind Ställe, die in der Regel auf Stahlträgerkufen mittels Traktor auf eine Fläche in Längsrichtung gezogen werden. Dabei konzentrierte sich das Unternehmen zunächst auf Längsträgersysteme, später kamen Barnträgermodelle hinzu (s. Abb. 18, 19, 20).

Der Unterschied zwischen den Systemen:

- **Längsträger:** Die stützenden Träger (Unterbau) verlaufen in Längsrichtung unter dem Stall, der Scharrraum ist links oder rechts neben dem Stall (s. Abb. 18, 19).

- **Barnträger:** Die stützenden Träger laufen in Querrichtung über die Unterkufen. Der Scharrraum ist in Längsrichtung angehängt (s. Abb. 20 + 21).
- **Volierensysteme**: Die Volierensysteme stehen auf den Kufensystemen und können so bewegt werden (s. Abb. 22)

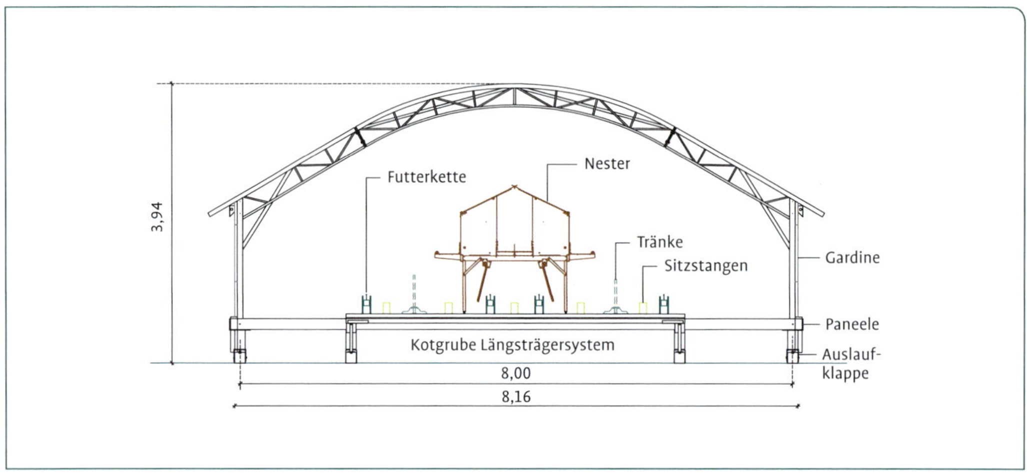

Abb. 18: Stallquerschnitt eines Tunnelstalls mit Längsträgersystem (Quelle: Wördekemper).

Abb. 19: Sicht in einen Mobilstalltunnel mit Längsträgersystem (Quelle: Wördekemper).

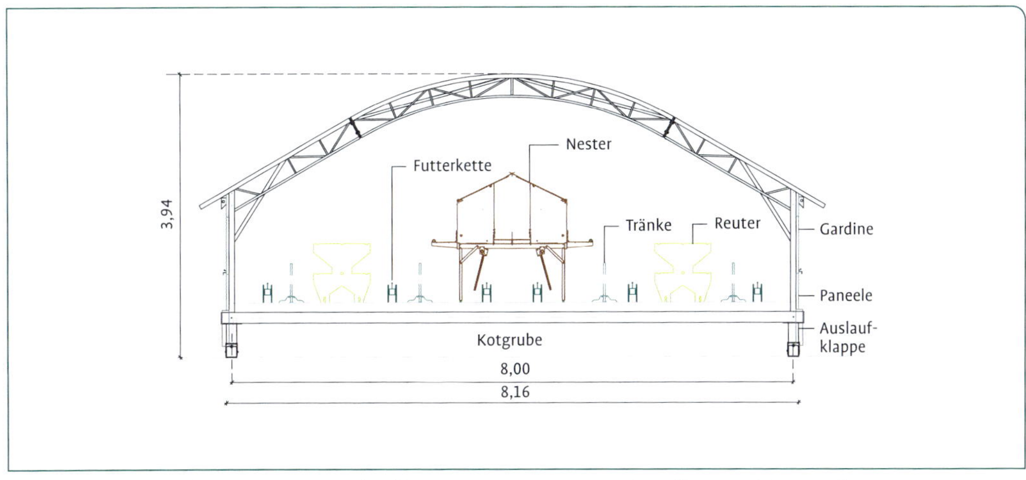

Abb. 20: Stallquerschnitt eines Tunnelstalls mit Barnträgersystem (Quelle: Wördekemper).

Während bei der Geflügelfleischproduktion einfache Einstreu auf Natur- oder Betonboden üblich ist, unterlagen die Stalleinheiten im Legehennenbereich verschiedensten Entwicklungen. Das Kotgrubensystem mit Futter- und Wasserversorgung befindet sich meist in der Mitte der Halle, es steht ebenfalls auf Stahlkufen und ist mit der eigentlichen Halle fest verbunden. Im Laufe der Jahre kamen auch Bodenhaltungssysteme über mehrere Etagen zum Einsatz und haben sich gut bewährt.

Scharrraum

Der Scharrraum soll über geöffnete Seitenwände und der damit verbundenen höheren Frischluftzufuhr zur Gesundheit der Tiere beitra-

Abb. 21: Scharrraum in einem Barnträgersystem-Stall (Quelle: Wördekemper).

gen. Über den Temperaturreiz zwischen warmem Innenbereich und kühler Zone im Scharrbereich wird die Robustheit der Tiere gefördert. Die Scharrbereiche bei Wördekemper sind komplett isoliert (s. Abb. 21). Zum Ausgleich von starken Witterungseinflüssen wie starkem Wind oder Kälte lassen sich Jalousien rauf und runter fahren. Auch für den „Regiostall" ist ein solcher Scharrbereich möglich.

Für die Bio-Haltung sind bei der Dimensionierung die Verbandsrichtlinien zu beachten. Demeter beispielsweise fordert eine ebenso große Klimazone wie Stallgrundfläche. Wirtschaftlich interessant könnte sein, diesen Bereich auf den Warmstall anrechnen zu lassen. Mit einem Volierensystem und bei Bedarf doppelstöckigem Nest im Warmbereich werden die Tierplätze erhöht, der Ertrag aus dem Stall gesteigert (s. Abb. 22).

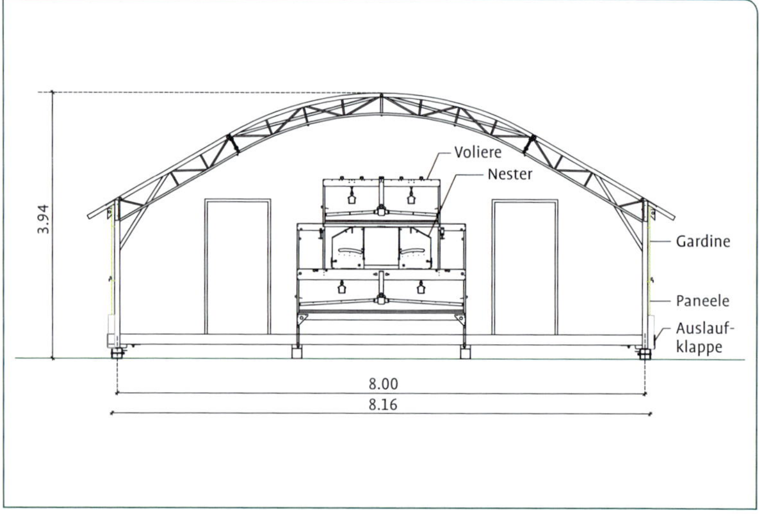

Abb. 22: Stallquerschnitt eines Tunnelstalls mit Längsträgersystem und Voliere (Quelle: Wördekemper).

Silos

Ab 1500 Tierplätzen empfiehlt das Unternehmen einen Wasservorrat von 2 × 1000 l Wasser. 1500–2000 Hennen sind die Grenzen, ab denen ein Landwirt über die zusätzliche Anschaffung eines Silos am Stall nachdenken sollte. Die Silos fahren auf den Kufen gleich mit, wenn der Stall versetzt wird.

Bei der Befüllung durch einen Silowagen liegen Erfahrungen vor, dass ein bis zu 30 m-Siloschlauch durch den Auslauf gelegt werden kann. Eine Möglichkeit ist auch der Big-Bag-Ständer – eine Futtervorratskiste im Vorraum mit Schublade. Ein Big Bag fasst etwa 500 kg Futter, welches dann per Frontlader mit Traktor zum Stall transportiert wird.

Stromversorgung

Photovoltaik- oder Windkraftanlagen sorgen über Speicherakkus für die nötige Stromversorgung und bieten bis zu gewissen Größenordnungen und Technikgrad den autarken Stall-Betrieb.

Elektrische Steuerung

Alle Ställe tragen ein Steuermodul. Darüber gesteuert werden z. B. Lichtprogramm, Fütterung, Nest- und Auslaufklappen. Eine astronomische Uhr steuert die Umstellungen bei Sommer- und Winterzeit (s. auch Kap. 5). Es gibt eine Grundausstattung, die von Wördekemper werksseitig vorprogrammiert wird. Man hat sich für das System entschieden, weil sich die Einstellungen von jedem externen Elektriker bedienen lassen. Dies bedeutet, dass bei Problemen kein Spezialist eines Klimacomputerherstellers anreisen muss. Insgesamt legt Wördekemper Wert auf einfache Technik (Motoren), die man bei einem Defekt schnell ersetzen kann, ohne weite Wege oder Anfahrten eines Technikers in Kauf nehmen zu müssen.

Vorraum

Die Ställe werden auf Wunsch mit einem Vorraum ausgestattet, der gut isoliert ist und verschieden groß dimensioniert sein kann. In der Regel werden als Böden verzinkte Roste empfohlen, eventueller Schmutz fällt einfach nach unten durch. Diese Lösung ist aber teurer als eine einfache Holzplatte. Wenn der Betrieb den Vorraum als Eierpackstelle nutzen möchte, dann muss gemäß hygienischer Vorgaben eine geschlossene Bodenplatte vorhanden sein. Ein Waschbecken mit fließendem Leitungswasser lässt sich nur über eine entsprechende Zuleitung realisieren.

Wasserversorgung

Die Wasserversorgung erfolgt größtenteils über Vorlaufbehälter. Dabei sieht Andreas Wördekemper den besonderen Vorteil darin, dass über den Zulauf per Schwimmerventil eine Trennung (10–15 cm Freiraum) zur zuführenden Wasserversorgung gegeben ist. In der Geflügelbranche ist längst bekannt, dass sich Biofilme entgegen Wasserströmen entwickeln und Leitungen kontaminieren können. (s. Kap. 5).

CAVE

Auch E.-coli-Keime wandern gegen den Strom, weshalb der Gesetzgeber in der DIN 1988 die Trennung von öffentlicher Wasserversorgung zur Tierhaltung regelt.

Zu den Biofilmen in Leitungen hat sich die Firma Gedanken gemacht: In allen Ställen ist optional eine Ringleitung für das Wassersystem mit **UV-Bestrahlung** möglich. Dies hilft z. B. gegen Algenbildung.

Abb. 23: Versetzen eines Barnträgersystems auf Kufen (Quelle: Wördekemper).

Legehennenfütterung
In der Legehennenfütterung werden überwiegend Futterkettensysteme mit Erfolg eingesetzt, manche Betriebe arbeiten auch mit Rundautomaten. Die Futterpfanne eignet sich eher für die Mast und nicht so gut für die Legehennenhaltung. Bei der dort üblichen Mehlfütterung können sich Futterbrücken bilden. Zudem ist in den Plastikpfannen keine natürliche Schnabelabnutzung möglich.

Versetzen eines Mobilstalles
Beim Versetzen eines Kufenstalles spielt die Bodenbeschaffenheit eine Rolle (s. Abb. 23). Er sollte nicht bei feuchter Witterung versetzt werden. Je nach Bodenstruktur (z. B. Lehm) verhält sich ein 18 t schwerer Stall wie festgeklebt und es entsteht die logistische Herausforderung, die vom Regen aufgeweichte Weide nicht allzu sehr zu beschädigen. Muss bei feuchter Witterung ein Kufenstall gezogen werden, empfiehlt die Firma Wördekemper, eine Forstwinde einzusetzen: Empfehlungen der Firma zur PS-Stärke je nach Stallgröße:
- kleiner Stall (Regio): 50–60 PS
- mittlerer Stall (96–144 m²): 120 PS
- großer Stall (über 144 m²): 200–250 PS

Sind Bodenplatten nötig?

Bodenplatte kein Standard
In den Ställen dieser Firma wird überwiegend ohne feste Bodenplatte gearbeitet. Nach Versetzen des Stalles wird der liegengebliebene Kot mittels Traktor abgeräumt und die Fläche neu eingesät. Verschiedene Kunden arbeiten mit mindestens 2 festen Betonplatten, zwischen denen sich der Stall hin und her ziehen lässt.

In einigen Bundesländern und Regierungsbezirken sehen die Genehmigungsbehörden die nicht vorhandene Bodenplatte als Problem an.

Sie befürchten Einträge der Hühnerhaltung in das Erdreich. Versatz des Stalles und Abräumen der Ausscheidungen ist logistisch betrachtet ein Arbeitsgang. Wenn der Tierhalter die liegengebliebene Einstreu nebst Kot am alten Standort sofort wegräumt, besteht keine Gefahr, dass Verschmutzungen z. B. durch Regen ins Erdreich gelangen.

Da die Ställe der Firma Wördekemper überwiegend keine Bodenplatten haben, sollten Sie sich vor der Kaufentscheidung bei Ihrer zuständigen Genehmigungsbehörde erkundigen, ob Ihrem betrieblichen Konzept nichts entgegensteht.

Bodenmatten für den Winter

In den Wintermonaten ist ein Winterstandort nahe am Hof oder Zaun empfehlenswert. Dies schont einerseits die ruhende Vegetation des Auslaufs und erleichtert andererseits das Arbeitsmanagement. Dafür bietet die Firma spezielle Matten an, die ursprünglich aus dem Braunkohletagebau stammen. Die sehr schweren und dicken Gummimatten werden auf Rollen geliefert, sind 2,50–2,70 m breit und bis zu 20 m lang (s. Abb. 24). Eine Rolle wiegt etwa 2,5 t. Sie muss vor Ort abgeladen und abgewickelt werden, ein Aufrollen und die Verwendung an einem anderen Standort ist für den Landwirt nicht machbar. Allerdings sind die Rollen an den Kopfenden mit einer Schiene versehen und das Versetzen des Stalles innerhalb einer Weide ist mit dem Traktor möglich. Diese Lösung ist eher für den Winterstandort zu präferieren, denn im Sommer weicht das Gummi aufgrund der Temperaturen auf und wirkt beim Versetzen eines schweren Kufenstalles eher wie eine Bremse.

Abb. 24: Die Gummimatten aus dem Kohletagebau sind etwa 3 cm dick (Quelle: Wördekemper).

Die Geflügelbranche geht mittlerweile von immer wiederkehrendem Aufflammen der Vogelgrippe und daraus folgenden Aufstallungspflichten in den Wintermonaten aus. Darauf müssen sich auch die „Mobilisten“ einstellen.

Reinigung des Mobilstalles

Immer wieder wird die Möglichkeit der Reinigung von schweren, teilmobilen Tunnelställen diskutiert. Einen Stall mit z. B. der Breite von 8 m bzw. einer Fläche von 128 m² zieht der Landwirt nicht auf seine Waschplatte am Hof, um diesen dort zu reinigen. Dieses logistische Problem betrifft jedoch die Ställe mit Rädern ebenso, die entfernt betrieben und zu breit für einen Straßentransport sind.

Die Firma Wördekemper gibt an, dass sie dafür eine praktikable Lösung gefunden hat. Der Kufenstall wird auf eine Silofolie gezogen, an einem abschüssigen Punkt eine kleine Grube gegraben, in die das Waschwasser abfließt, das mittels Pumpe in ein Güllefass abgepumpt wird. Dieses wird dann mit dem Traktor weggefahren.

Wie viel Kubikmeter Reinigungswasser fallen ungefähr an?
„Bei einem 128 m² Stall fallen bei der Reinigung inkl. Vorweichen und Hochdruckreinigen insgesamt ca. 1,5 m³ Reinigungswasser an“ (A. Wördekemper).

Unterschiedliche Stallgrößen

Die kleinsten Einheiten – „Regiostall“ genannt – kamen bei Wördekemper erst 2013 ins Programm (s. Abb. 25, 26, 27). Damit reagierte die Firma auf Kundennachfragen nach kleineren Einheiten für deren Direktvermarktung. Diese Ställe sind anstatt 8 m nur 4 m breit und haben ein Pultdach. Dort ist mittlerweile auch die Ausstattung mit einer klei-

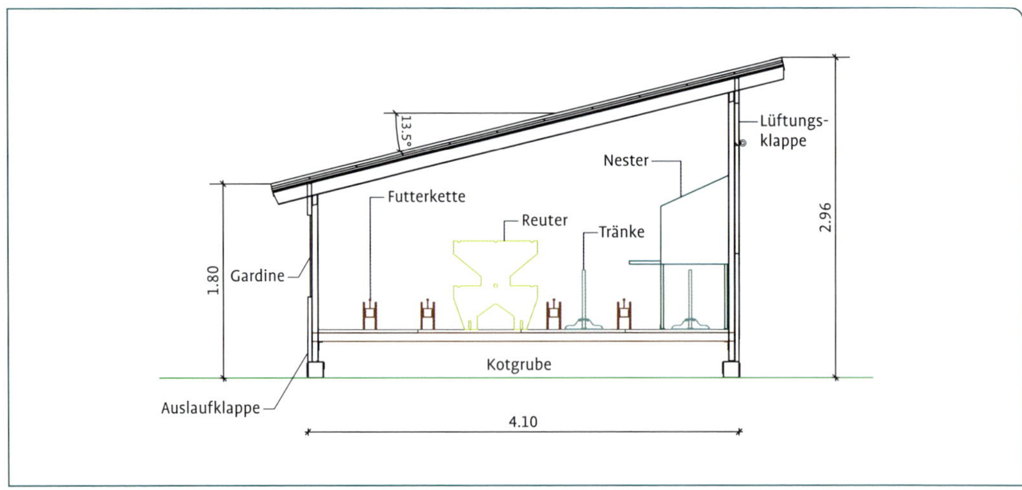

Abb. 25: Stallquerschnitt eines Regiostalles für 188–360 Legehennen (Quelle: Wördekemper).

nen Voliere möglich, die Tierzahlen von bis zu 560 Legehennen ermöglicht (s. Abb. 28).

Ställe für Hähnchenmast

Die Ställe der Firma finden auch in der Geflügelfleischproduktion Verwendung. Hier kommen Ketten- und Futterpfannen oder Rundautomaten in der Fütterung zum Einsatz. Die Mast erfolgt entweder mit Voraufzucht in Festgebäuden (dann sind mehr Durchgänge möglich) oder aber direkt im Mobilstall. Dabei haben Erfahrungen gezeigt, dass eine

Abb. 26: Regiostall auf Kufen (Quelle: Wördekemper).

Abb. 27: Nun lassen sich einige Regiostall-Modelle mit Rädern ausstatten (Quelle: Wördekemper).

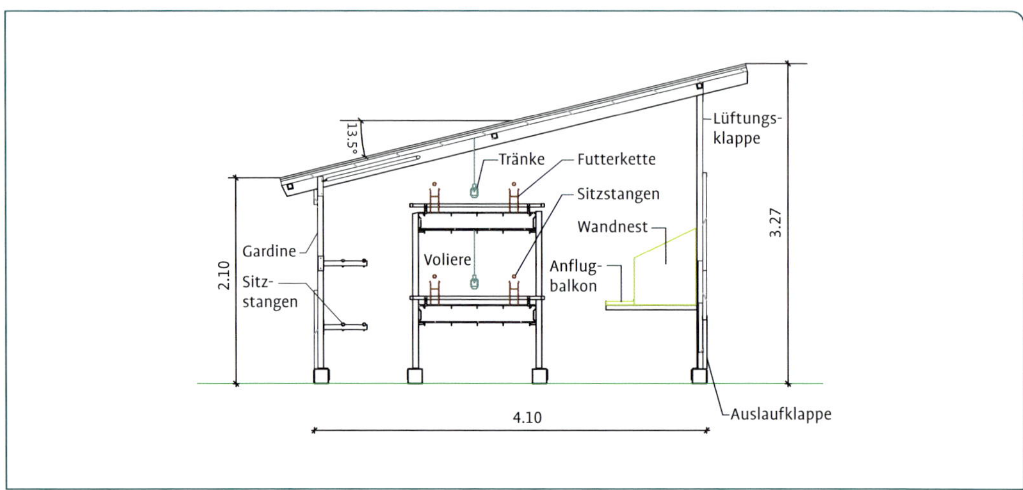

Abb. 28: Stallquerschnitt eines Regiostalles mit Voliere für 370–560 Legehennen (Quelle: Wördekemper).

dicke Strohmatte auf nackter Erde sich schneller erwärmt als eine Betonplatte.

Mit Ställen von 4 m oder 8 m Breite sowie 8–24 m Länge bietet die Firma Wördekemper eine breite Palette an Möglichkeiten. Je nach gesetzlich vorgeschriebenen Grundlagen hinsichtlich Besatzdichten sowie Einrichtungsstatus ist Platz für 190–1440 Legehennen nach Ökostandard oder 280–2000 Tiere nach konventionellen Produktionsbedingungen.

Stallplatzkosten

Die Kosten für einen Stallplatz beim seriellen Stall ohne individuelle Extraausstattungen belaufen sich im Legehennenbereich – abhängig von der Größe – zwischen ca. 75–128 € bei der Bio-Haltung und ca. 50–70 € im konventionellen Bereich. Obwohl gerade auf dem Bio-Sektor die Nachfrage nach mobilen Stallsystemen ungebremst ist, gibt die Firma Wördekemper an, dass 60–70 % ihrer Kunden konventionelle Betriebe sind.

Stallbau Weiland GmbH & Co. KG

Die Firma Weiland stieg 2002 in Entwicklung, Bau und Vertrieb ihres „Hühnermobils“ ein. Geboren wurde die Idee zur Entwicklung eines fahrbaren Hühnerstalles im Bio-Betrieb von Iris und Max Weiland. Es reifte die Erkenntnis, dass auch bei kleinerer Legehennenhaltung die Weide im stallnahen Bereich durch Scharren und Picken so belastet wird, dass der Bewuchs nach wenigen Tagen nicht mehr vorhanden ist. Dieser kann sich nur dann wieder erholen, wenn er nicht dauerhaft von den Tieren beansprucht wird. Außerdem baut sich im stallnahen Bereich eine zunehmende Parasitenproblematik auf, die Bodenverdich-

Abb. 29: Verschlammung eines Auslaufes im stallnahen Bereich (Quelle: van der Linde).

tung, Pfützenbildung und Verschlammung von übernutzten Ausläufen zusätzlich fördern (s. Abb. 29). Für das Ehepaar Weiland ein Grund, nach Lösungsansätzen zu suchen. Neben dem eigenen Anspruch an ihre Tierhaltung war klar: So stellt sich der klassische Bio-Kunde die Produktion seiner Frühstückseier nicht vor. Dies war die Geburtsstunde des Hühnermobils.

Auch wenn es fahrbare Geflügelställe bereits vor 80 Jahren gab, kann Weiland als Pionierfirma der Neuzeit bezeichnet werden, was den vollmobilen Hühnerstall auf Rädern anbelangt.

Verschiedene Stallgrößen

Erhältlich sind mittlerweile vier verschiedenen Stallgrößen:
- HüMo BASIS 225
- HüMo PLUS Kombi (Eier- und Fleischproduktion möglich)
- HüMo MAX 800
- HüMo MAX XL 1200

Hier definiert die Zahl in der Stallbezeichnung immer die größtmögliche Legehennenzahl nach Bio-Bedingungen. Konventionell sind Bestandsgrößen zwischen 242 und 1423 Legehennen möglich.

Geringe Besatzdichte zum Wohl der Tiere

Stallbau Weiland empfiehlt seinen konventionellen Kunden aus Gründen des Tierwohls, nicht über 7 Hühner pro Quadratmeter Bewegungsfläche zu belegen. Nach Tierschutz-Nutztierhaltungsverordnung (TierSchNutztV) sind maximal 9 Hennen je Quadratmeter erlaubt.
Entsprechend werden die Ställe auch ausgeliefert – zumeist ist hier der Fressplatz der limitierende Faktor für die mögliche Hennenzahl. Diese

niedrigere Besatzdichte ist zu beachten, wenn Sie den Hennenplatzpreis vergleichen. Im Vergleich zu anderen Systemen mit Rädern und Bodenplatte liegen die Anschaffungskosten entsprechend höher.

Bei der Produktion von Masthähnchen im HüMo PLUS Kombi richtet sich die mögliche Herdengröße nach dem beabsichtigten Endgewicht der Tiere. Auch die Produktionsform (Bio/konventionell) oder Verbandszugehörigkeit spielt eine Rolle bei der Ermittlung der möglichen Masthähnchenzahlen.

Einfaches Modell für hohe Flexibilität

Der mobile Verkaufsschlager und am deutschen Mobilmarkt sowie in den benachbarten EU-Ländern bislang wohl am häufigsten veräußerte Modell ist das HüMo BASIS 225 (s. Abb. 30). Bei der Entwicklung wurde ein Hauptaugenmerk auf die einfache Versetzbarkeit des kleinsten Modells gelegt. Im Hinblick auf die geringe Hennenzahl musste eine clevere Lösung her, um die Investition für den Landwirt erschwinglich zu halten. Daher wurde u.a. auf Hydraulik verzichtet. Lichtprogramm, Nestsperre und Auslaufklappen sind automatisiert, das wöchentliche Befüllen des Futtervorrates und das Ausmisten erfolgt von Hand.

Es ist ein bedeutender Unterschied, ob der Tierbetreuer am HüMo BASIS 225 das Futter per Eimer über die Treppe in den Stall trägt oder es im Stall stehend aus einer gefüllten Frontladerschaufel an der hinteren, geöffneten Tür schöpft und in die Wandautomaten füllt.

Abb. 30: Der Mobilstall HüMo BASIS 225 für 225–242 Legehennen (Quelle: Weiland).

Automatisierung nach Wunsch

Alle weiteren Modelle von Weiland verfügen über automatische Fütterungen und hydraulische Entmistungsbänder. Im 1200er Stall ist auf Wunsch ein automatisiertes Einstreunest möglich.

Nester mit Einstreu

Bei der Ausgestaltung der Mobilställe flossen ethologische Überlegungen mit ein, z. B. mit Dinkelspelzen eingestreute Nester tragen nach Meinung von Iris Weiland zum Wohlbefinden der Legehennen und zur Vorbeugung gegen Kloakenkannibalismus bei.

Bei Parasitenbefall des Legehennenbestandes (Milben, Flöhe) und deren Bekämpfung kann die Nesteinstreu leicht augetauscht werden. Die Parasiten halten sich auch in der Einstreu auf – hoher Befall führt zu Meidung der Nester, Nervosität der Hennen und verlegten Eiern.

Scharrrbereich

Der per Gesetz geforderte Scharrbereich ist bei den Weilandsystemen in der unteren Etage auf einer geschlossenen Bodenplatte untergebracht.

Technische Ausstattung

Alle Systeme bewegen sich auf Rädern fort und sind durch die autarke Futter-, Wasser- und Stromversorgung über Photovoltaik vollmobil einsetzbar.

Versetzen des Stalles

Die Räder ermöglichen ein einfaches Versetzen des Stalles in wenigen Minuten. Dabei wird frühmorgens der geschlossene Stall, inklusive der Hennen, mittels Traktor hydraulisch angehoben, an den neuen Standort gefahren und wieder abgesenkt. Da die Ställe Räder haben, spielen weniger die PS, sondern mehr das Gewicht des Traktors eine Rolle, um z. B. den großen Stall zu versetzen. Dabei gibt die Firma an, dass das Versetzen des kleinen etwa 5 min und das des größten Stalles ca. 15 min dauert. Diese Werte verstehen sich ohne den Versatz eines eventuellen Steckzaunes.

HüMo PLUS Kombi – auch für Hähnchenmast

Anfragen von Kunden, die in die Bio- oder Freilandhähnchenmast einsteigen wollten, veranlasste die Firma, sich zunächst mit einem Hähnchenmobil darauf einzustellen. Dieses ist in der Erstversion heute nicht mehr erhältlich. An seine Stelle trat der HüMo PLUS Kombi (s. Abb. 31, 32). Das Wort Kombi drückt aus, was der Stall kann: Entweder kann man ihn für die Hähnchenfleischproduktion einsetzen oder aber für die Legehennenhaltung. Er ist ein beliebtes Einsteigermodell für Legehen-

Mobile Masthähnchenhaltung funktioniert besonders gut, wenn die Tiere Rosten verschiedener Ebenen und Sitzstangen kennen. Beachten Sie das beim Zukauf älterer Tiere.

nenbetriebe, die ihren vermarktungstechnischen Eierbedarf gleich höher einschätzen, als es das Modell HüMo 225 mit 225–242 Legehennen ermöglicht.

Soll der HüMo PLUS Kombi für die Masthähnchenhaltung eingesetzt werden, muss man sich darüber klar sein, dass in diesem System nicht die Voraufzucht erfolgen kann. Entweder kauft man 2–3 Wochen alte, vorgezogene Masthähnchen ein oder zieht seine Eintagsküken in einem Festgebäude selbst heran.

Abb. 31: Eiersammlung am HüMo PLUS Kombi: Die geöffnete Klappe bietet bei Regen und praller Sonne Schutz (Quelle: Kaschinski).

Abb. 32: HüMo PLUS Kombi für 300–350 Legehennen (Quelle: van der Linde).

Abb. 33: HüMo 800 für 800–950 Legehennen (Quelle: Weiland).

Abb. 34: Blick in den HüMo 800 Scharrraum (Quelle: Weiland).

HüMo 800 mit hydraulischem Fahrwerk

Der HüMo 800 mit seinem hydraulischen Fahrwerk ist das nächstgrößere Modell (s. Abb. 33, 34). Dieses Modell ist eine Variante für den Eiervermarkter mit einem wöchentlichen Eierbedarf von etwa 3600 vermarktungsfähigen Eiern bei durchschnittlicher, biologischer Leistung der Legehennen.

Hier muss man bedenken, wie man seine Eier vermarktet. Wenn man Eier sortiert nach Gewichtsklassen verkauft, könnte man mit nur einer großen Altersgruppe im Betrieb an vermarktungstechnische Grenzen stoßen, was die Variabilität der verfügbaren Eigrößen anbelangt.

Die Photovoltaikanlage speist eine 24-Volt-Batterie. Es kommen Akkus mit einer hohen Zyklenfestigkeit zum Einsatz, damit die Fütterungsanlage auch nach zwei bewölkten Wochen noch läuft.

Abb. 35: Das Flaggschiff der Weiland-Flotte bildet der HüMo 1200 für 1200–1400 Legehennen (Quelle: Weiland).

HüMo 1200
Die größte Modellvariante ist der HüMo 1200, der Platz für 1200–1400 Legehennen bietet (s. Abb. 35).

Ventilationslüfter nur Zusatzausstattung
Erwähnenswert ist, dass alle Modelle seriell ohne Ventilation ausgeliefert werden. Aufgrund der vielfältigen Öffnungsmöglichkeiten und der autarken Stromversorgung funktioniert die Lüftung der Ställe über Schwerkraft. Haben Sie auch bei diesem System Ihr Lüftungsmanagement stets im Blick und prüfen Sie regelmäßig. Auf Kundenwunsch sind Lüfter als Zusatzausstattung zu bekommen.

Aus Beratungssicht ist es empfehlenswert, bei Anschaffung die Zusatzinvestition in eine Zwangslüftung zu erwägen. Neben den heißer werdenden Sommern in unseren Breitengraden ist damit zu rechnen, dass künftig in den Wintermonaten häufiger wochen- oder monatelange Aufstallungsgebote zum Schutz vor Vogelgrippe behördlicherseits verhängt werden könnten. Je nach Außentemperatur und Abdichtung des Scharrbereiches im unteren Stallbereich, könnte die Schwerkraftlüftung an ihre physiologischen Grenzen gelangen.

ROWA Stalleinrichtung GmbH & Co. KG

Die Firma ROWA hat sich bereits seit über 50 Jahren mit der Einrichtung von Geflügelställen im Festgebäudebereich einen Namen gemacht. Ihr Spezialgebiet für direkt vermarktende Familienbetriebe ist, bezahlbare und praktikable Lösungen in Altgebäuden zu schaffen. 2012 ging Firmeninhaber Sascha Wahnschaffe mit seinem ersten Model

ROWA Mobil 540/900 auf den Markt. Es wurde eigens ein neues Chassis entwickelt, um zusätzlich Stabilität ins Fahrzeug zu bringen.

Verschiedenen Stallgrößen

Mittlerweile ist die Bandbreite der zu erwerbenden Mobilstallgrößen auf 7 Legehennen- und 2 Hähnchenmobile in verschiedenen Größenordnungen angewachsen. Damit ist ROWA auf verschiedenste Kundenwünsche eingegangen.

Über Straßen transportierbar

Alle 9 Fahrzeuge haben eine TÜV-Zulassung und können über Straßen transportiert werden. Sie können nach Anlieferung sofort in Betrieb genommen werden.

Scharrraum

Die Fläche unter den Fahrzeugen steht den Tieren als Scharrbereich zur Verfügung. Bei Bedarf lässt sich dieser Raum jederzeit mittels einsetzbaren, durchsichtigen Doppelstegplatten in massiv gebauten, verzinkten Rahmen schließen. So finden die Hennen Schutz vor Regen, Schnee, starkem Wind und Kälte.

Alle Modelle von ROWA sind individuell justierbar und lassen sich in abschüssigem Gelände horizontal und vertikal mithilfe von stabilen Abstellstützen ausrichten. Das Modell Rowa 900/540 kann auch mit Hydraulikstempeln ausgestattet werden.

Abb. 36: Fahrbares Rundsilo für 3,6 t Futter. (Quelle: Rowa).

Alarmsystem, Solaranlage, Stromversorgung

Optional kann in zusätzliche Arbeitserleichterungen investiert werden: z. B. in ein Alarmsystem, das bei Stromausfall über Mobilfunk den Betriebsleiter informiert. Auch Solaranlagen für die autarke Stromversorgung und mobile Futtersilos sind im Angebot (s. Abb. 36, 37).

Pluspunkte

Die Firma lässt für alle Modelle **Emissionsgutachten** erstellen. Außerdem sind alle Fahrzeuge vom **TÜV** abgenommen. Sie besitzen eine **Straßenzulassung** bis 25 km/h. Auch Wind- und **Schneelastberechnungen** für Zone 4 liegen vor – ROWA ist in den südlichen Bundesländern stark vertreten.

Up to date

Die Firma reagiert auf neue Anforderungen des Marktes flexibel (s. Abb. 38).

Technische Ausstattung wählbar

Alle Ställe werden mit unterschiedlichem Technisierungsgrad ausgeliefert, es sind einfache Bodenhaltungssysteme verbaut. Auf der Kotgrube werden entweder verzinkte Rundautomaten per Hand oder Rohrfütte-

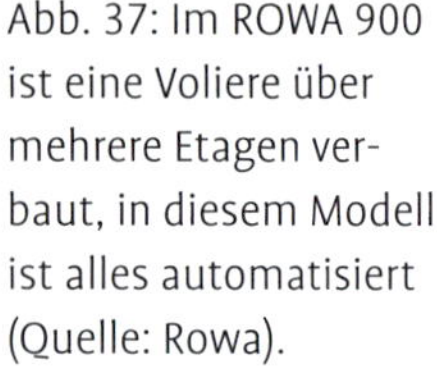

Abb. 37: Im ROWA 900 ist eine Voliere über mehrere Etagen verbaut, in diesem Modell ist alles automatisiert (Quelle: Rowa).

rung gefüllt oder mit einer Futterkette durch eine Futtermaschine und Silo gespeist (s. Abb. 39). Eine Auslaufluke mit Windschutz bietet z. B. der ROWA 350 (s. Abb. 40).
Seit Januar 2018 können alle ROWA-Modelle optional eine Hygieneschleuse erhalten. Vorhandene Modelle können nachgerüstet werden. Zudem ist eine mobile Erweiterung zur Einhaltung der Stallpflicht als Anbau möglich.

Kotschublade

Zunächst waren Bodenhaltungen in den Modellen nach dem „alten Prinzip" konzipiert: Der Kot blieb über den ganzen Durchgang im Stall. Wichtig ist in solchen Fällen eine entsprechende Tränktechnik, z. B. sollen Auffangschalen unter den Nippeln Spritz- und Tropfwasser vermeiden, damit der Kot trocken bleibt. Der Kot wird in solchen Konzepten erst dann entfernt, wenn die Tiere ausgestallt sind.

Je trockener der gelagerte Kot, desto weniger Ammoniakbelastung stellt sich im Stall ein.

Abb. 38: Im ROWA 100 wurde eine zusätzliche Auslaufklappe in der Eingangstür verbaut (Quelle: Rowa).

Abb. 39: Der ROWA 540 wird nur noch auf Anfrage gebaut. Hier ein Stall mit automatischer Futterkette (Quelle: Rowa).

Abb. 40: Auslaufluke mit Windschutz am ROWA 350 (Quelle: Rowa).

Jüngst hat Sascha Wahnschaffe auf Kundenwunsch ein neues System entwickelt. In den Modellen ROWA 100/200/350 ist es möglich, über eine Klappe oberhalb der Deichsel den Kot während eines Durchgangs mittels Kotschublade zu entfernen (s. Abb. 41).

Abb. 41: Für ROWA 100 und 200 ist optional eine Kotschublade erhältlich (Quelle: Rowa).

Photovoltaik – wann sinnvoll?

Obwohl Fa. ROWA die Modelle ab ROWA 100 mit Photovoltaiktechnik anbietet, vertritt sie die Ansicht, dass ein direkter Stromanschluss bei größeren Modellen sicherer ist. Optional haben die Modelle eine Zwangslüftung in Form von Ventilatoren. Diese Ventilatoren benötigen von der gesamten Technik das größte Stromvolumen. Solarpanele laden nur bei Sonne die Speicher (Akkus) auf, deshalb ist die Energieausbeute von November bis Februar entsprechend begrenzt.

Bei Schnee, Dauerregen und bewölktem Himmel können Solarpanele die Batterie/ihre Speicher nicht ausreichend laden. Deshalb sind Ersatzspeicher oder ein fester Stromanschluss nötig.

Die beiden größten Einheiten ROWA 540 und 900 benötigen zum Betrieb 380-V-Stromanschlüsse. Hier macht Photovoltaik laut Wahnschaffe nicht wirklich Sinn, was folgendes Beispiel zeigen soll:

- 1-kW-Leistung der Photovoltaikanlage = 1000 €
- 1-kW-Speichermedium = 1000 €
- ROWA 900 = 12 000 € Investition

Laut ROWA kann ein Betriebsleiter für weniger als 12 000 € Kabel und Wasser verlegen und bleibt damit unter den Kosten einer entsprechend dimensionierten Photovoltaikanlage. Wenn er einige Dockingstationen in seine Fläche setzt, ist er von der Sonnenscheindauer unabhängig.

Tierplatzpreise

In den Modellen von ROWA finden 24–919 konventionelle Hennen zu Tierplatzpreisen von 97–133 € Platz oder 16–731 ökologische Hennen nach EU-Ökoverordnung zu Tierplatzpreisen von 123–187 €.

In den Hähnchenmobilen von ROWA sind je nach Modell ökologisch 276–494 Tiere zu Tierplatzpreisen von 45–60 € unter 1,89 kg Lebendgewicht pro Tier möglich. Konventionell sind 302–543 Tieren 41–54 € je Platz möglich.

Kükenaufzucht mit Hähnchenmobilen

Bei den Hähnchenmobilen bietet die Firma eine Besonderheit: das Modell „Flotter Hahn 100/350" hat eine Fußbodenheizung. Damit ist eine Aufzucht ab Eintagskükenalter möglich. Ohne Fußbodenheizung sollte der Halter die Hähnchen entweder vorgezogen (3 bis 4 Wochen) kaufen oder die Voraufzucht in einem Festgebäude vornehmen. Mit diesem Heizkonzept kann das Mobil nach Aussage der Firma auf 70 °C beheizt werden, bei dieser Temperatur sterben Salmonellen, Milben und ihre Eier ab. Der „flotte Hahn" kann optional Ventilation, Temperatur- und Ammoniaksteuerung haben.

Nach ökologischen Richtlinien können Sie 276 bis 494 Hähnchen (Lebendgewicht 1,89 kg) halten, mit Tierplatzpreisen zwischen 45 € und 60 €.

Konventionell können Sie 302 bis 543 Hähnchen halten, mit Tierplatzpreisen zwischen 41 € und 54 €.

farmermobil GmbH

2015 ging die Firma farmermobil mit ihrer Serie der mobilen Legehennenställe fm380 bis fm1300 mit 230–2000 Hennenplätzen (Ökoplätze) in Produktion (s. Abb. 42, 43). Firmeninhaber Franz Veltrup war bereits Jahrzehnte vorher mit der Einrichtung von Festställen im Legehennenbereich befasst. Endsprechend konnte er seine Erfahrungen in die Konstruktionen seiner Mobilställe einfließen lassen.

System mit mehreren Etagen

Die Firma setzt in ihren mobilen Einheiten auf Bodenhaltungssysteme mit mehreren Etagen, auch unter der Bezeichnung Volierenhaltung bekannt. Entsprechend müssen Junghennen eingekauft werden, die mit diesem Haltungssystem klarkommen, also ebenfalls in Anlagen mit mehreren Etagen aufgezogen wurden.

Der Mittelteil des mobilen Legehennenstalles ist auf einem Fahrwerk fest verbaut. In ihm befinden sich Vorratsbehälter für Futter und Wasser, Kippbodennester und Sitzstangen für die Tiere in verschiedenen Ebenen.

Abb. 42: Innenansicht fm1000 (Quelle: farmermobil).

Abb. 43: Innenansicht fm1000 (Quelle: van der Linde).

Scharrraum

An den beiden Seiten angehängt sind Scharrräume in Modulbauweise, die einen festen Boden haben und quasi am Hauptstall mitschweben. Auf der späteren Auslauffläche ist die komplette Einheit mit dem Traktor versetzbar. Zum Transport über öffentliche Verkehrswege werden die Module auseinander gekoppelt, d. h. die Scharräume abgehängt. Dies kann selbstverständlich nur im geleerten Zustand ohne Tiere geschehen.

Als Besonderheit kann der Stallcomputer Störmeldungen des Mobilstalles an ein Mobiltelefon senden.

Auch kleinere Modelle im Angebot
Mittlerweile hat farmermobil auf die Nachfrage von kleineren, direkt vermarktenden Betrieben reagiert und die Modelle „STARTER" und „STARTER-plus" sowie jüngst den „STARTER-max" ins Programm aufgenommen (s. Abb. 44, 45). Hier finden 230 ökologische oder 450 konventionelle Legehennen Platz.

Up to date
Die Firma reagiert recht flexibel, wenn sich am Markt ein Problem auftut: So akzeptieren neuerdings einige Genehmigungsbehörden in ihrem Zuständigkeitsbezirk keine Mobilställe ohne Hygienezone mehr. Dies ist auf die Aufstallungspflicht in der Saison 2016/17 zurückzuführen, die wegen der Aviären Influenza (Vogelgrippe) verhängt worden war.

Inhaber Franz-Heinrich Veltrup reagierte umgehend auf diese veränderte Lage, indem er kurzerhand das Modell „STARTER-plus" entwickelte. Dieser ist 1,20 m länger als sein Vorgänger. Durch diese bauliche Veränderung ist der amtsseits geforderte, vom Tierbereich abgetrennte Hygienebereich möglich. Die Verlängerung hat einen zusätzlichen Vorteil: Es wurde Platz für ein Krankenabteil geschaffen, welches zum Beispiel für die AFP-Förderung in Niedersachsen eine Bedingung ist.

Der „STARTER-plus" mit 2,55 m Breite lässt sich auch mit Tierbesatz und dem kleinsten Trecker transportieren. Das Modell „STARTER-max" weist mittlerweile eine Breite von 3 m auf und ist somit noch landwirtschaftlich verkehrstauglich.

Abb. 44: Außenansicht des Farmermobil „STARTER-plus"-Modells (Quelle: farmermobil).

Abb. 45: Innenansicht des „STARTER-plus“-Modells (Quelle: farmermobil).

Energieversorgung

Ein starkes Augenmerk hat die Firma auf die Energieversorgung ihrer Einheiten gelegt. Die ersten Energiespeicher nach dem Prinzip von Autobatterien haben sich nicht bewährt. Sie kämen auch technisch nicht mit hohen Ladeströmen zurecht. Mittlerweile setzt farmermobil auf hochwertige AGM-Bleifließbatterien und hat gute Erfahrungen damit gemacht. Für Mobilställe benötigt man Batterien, die zum einen langfristig ihre Leistung abgeben und zum anderen mit extrem hohen Ladeströmen zurechtkommen. Der Elektronikfachmann der Firma gibt an, dass man sehr lange am Energiemanagement gefeilt habe, bis es technisch passte. Mittlerweile sind alle „fm“-Modelle im Sommer und im Winter autark betreibbar. Alternativ kann man die Batterien per 230 V-Anschluss aufladen. Der Klimacomputer verfügt über zusätzliche Verriegelungen: Tagsüber, wenn die Auslaufklappen auf sind, laufen die Lüfter nur sporadisch – das spart Energie.

Lüftung

Die Firma vertritt die Ansicht, dass selbst mit 24-h-Dauerlüftung auf Volllast nicht aus 35 °C Außentemperatur im Stallinneren 28 °C erreicht werden können. Man ziehe sich allenfalls die warme Luft von draußen in den Stall hinein. Aus diesem Grund wird per Programmierung jede Stunde einmal das komplette Luftvolumen des Stalles per Lüftung auf höchster Stufe umgesetzt. In der übrigen Zeit sorgt die vollständige Öffnung beider Giebelfronten zusammen mit den geöffneten Auslaufluken für einen natürlichen Luftstrom im Innern.

Abb. 46: Der Mobilstall fm1000 mit 3 leistungsstarken Ablüftern (Quelle: van der Linde).

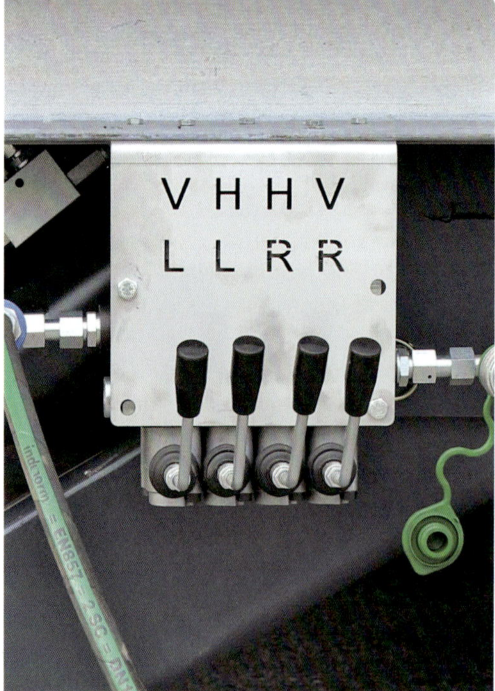

Abb. 47: Technik für die hydraulische Ausrichtung des Stalles fm1000 (Quelle: van der Linde).

Abb. 48: Bei sonnigem Wetter und „Greifvogelalarm“ ziehen sich die Hennen gern unter den Mobilstall zurück, um Schatten oder Schutz zu suchen (Quelle: farmermobil).

Ist es draußen im Auslauf sehr warm, ziehen sich die Hühner gerne in den Schatten unter dem Mobilstall zurück (s. Abb. 48). Dieser Ort dient aber auch dem Schutz vor Greifvögeln.

Die Erfahrung hat gezeigt, dass während wirklich heißer Phasen ab der Mittagszeit die Hennen gern den schattigen Bereich unter dem Mobil aufsuchen, um z. B. dort im Sand zu baden (s. Abb. 48).

Das Lüftungssystem der farmermobile arbeitet nach dem Prinzip, dass zuerst die Zuluftklappen über automatische Steuerung geöffnet werden, um eine Luftzirkulation zu gewähren. Erst wenn die Temperatur steigt, schalten sich die Ventilatoren zu. Wenn im Winter durch bedeckte Witterung oder Schnee über die Solarpanels wochenlang keine Aufladung stattfindet, die Lüftung aber kontinuierlich Strom zieht, reicht es, alle paar Tage für einige wenige Stunden die Speichermedien durch ein mit Diesel betriebenes Stromaggregat aufzuladen. Bei zu geringer Ladekapazität der AGM-Batterien bekommt der Stallbetreiber einen Alarm vom Stallcomputer aufs Handy und kann entsprechend reagieren.

Wasserversorgung

In der Wassertechnik hat es in den zwei Jahren am Markt bereits Weiterentwicklungen gegeben. Die ersten Modelle hatten einen Kompressor, der Druck im Wasserkessel aus der Hauswassertechnik erzeugte. So wurde das Wasser nach oben in die Tränkelinien gedrückt. Heute hat jedes „fm“-Mobil ein Hauswasserwerk.

Tierplatzpreis

Die Firma gibt an, dass mehr Nachfrage nach den größeren Einheiten bestehe. Der Tierplatzpreis für Öko-Legehennen liegt in der seriellen Ausgabe der 5 verschiedenen Größen zwischen ca. 107–168 € und im konventionellen Bereich zwischen ca. 74–120 € netto.

Ställe für Hähnchenmast

Zusätzlich zu ihren seriellen Legehennenställen hat farmermobil auch mobile Hähnchenställe in ihrem Programm (s. Abb. 49). Hier ging das Unternehmen zunächst auf Kundenanfragen nach kleineren Einheiten ein, die sich vorrangig im Bereich von 200 Tierplätzen nach Ökovorgaben bewegte. Vor allem selbst vermarktende Betriebe mit kleineren Hofläden gaben dies als praktikable Größe an, um aus einem solchen Bestand ab Schlachtreife 3 Wochen hintereinander schlachten zu können.

Der Stall wird autark betrieben, ein Solarpanel sorgt für den benötigten Strom bei der Beleuchtung oder automatischen Auslaufklappenöffnung und -schließung. Die Wasserversorgung erfolgt mittels Vorratsbehälter an der Stirnwand, der bei Bedarf mit 400 l Wasser aufgefüllt wird. Ein innenliegendes Silo fasst etwa 1 m³ Futter, der Masthähnchenplatz im Ökobereich liegt bei 143 € und konventionell bei 98 €.

In 2016 gingen vermehrt Kundenanfragen nach größeren Hähnchenmobilställen ein, denen die Firma auch nachkam. Mittlerweile gibt es drei größere Einheiten im Angebot, hier fasst das innenliegende Silo dann 2 m³. Insgesamt liegen die Tierplatzpreise in diesen größeren Modellen bei 53–83 € nach Ökovorgaben und 41–62 € bei konventioneller Haltung. Es finden 200–2000 Hähnchen nach Ökovoraussetzungen

Abb. 49: Der Mobilstall HM200 ist für die Hähnchenmast. Die Voraufzucht erfolgt in der Regel in Festgebäuden. Auf diese Weise lassen sich im Jahr mehr Durchgänge erreichen (Quelle: van der Linde).

Platz. Unter konventionellen Bedingungen lassen sich zwischen 200–2300 Tiere unterbringen.

Big Dutchman International GmbH
Teilmobiler Tunnelstall mit Bodenplatte

Die Firma Big Dutchman bietet seit einigen Jahren den Stall NATURA Camp an, der Stall ist 6,58 × 20,90 m groß (s. Abb. 50. 51). Der Stall lässt sich auf Stahlkufen bewegen, die sich unter dem Stallboden befinden. Mit einer Seilwinde wird der Stall mitsamt Silo von einem Standort zum anderen gezogen. Hier empfiehlt Big Dutchman bewusst den Einsatz eines Traktors, um die Grasnarbe und den Boden zu schonen.

Abb. 50: Der Mobilstall NATURA Camp II lässt sich auf Stahlkufen fortbewegen (Quelle: Big Dutchman).

Abb. 51: Der Mobilstall NATURA Camp II ist mit der fertig montierten Anlage NATURA Step-Voliere für 1000 Bio-Legehennen oder 1223 konventionelle Hennen ausgerüstet (Quelle: Big Dutchman).

Das Modell ist ein ortsgebundener, teilmobiler Tunnelstall, der gegenüber anderen Kufenställen am Markt mit einer geschlossenen Bodenplatte ausgestattet ist. Die Ortsgebundenheit ist auch dadurch gegeben, dass für den Stall feste Standorte mit Versorgungseinrichtungen erforderlich sind. Auf den autarken Betrieb hat die Firma verzichtet, da er die Tierplatzkosten in die Höhe getrieben hätte.

Ein Kufenstall ist nicht so wendig wie ein Stall auf Rädern. Daher ist er weniger dazu geeignet, im Zickzack auf Flächen rund um den Hof versetzt zu werden. Ställe dieser Art werden auf geraden Strecken hin und her gezogen. Aufgrund ihres Gewichtes und der nötigen Logistik versetzt man sie in der Regel auch weniger häufig.

Stromversorgung

Dazu kommt, dass man für einen autarken Betrieb in Photovoltaiktechnik investieren muss. Entsprechende Speichermedien, die die Versorgung der Ventilation und Antriebsmotoren kontinuierlich gewährleisten, sind nicht preiswert. Aufgrund ihrer weltweiten Erfahrung im Bereich der Ausrüstung großer Geflügelställe legt die Firma Wert auf gute Lüfterkapazitäten – gerade in heißen Sommerphasen. Lüfter benötigen im Vollbetrieb viel Strom, in heißen Sommermonaten fahren sie oft wochenlang auf hohen Stufen. Das würde dazu führen, dass entsprechende Speichermedien schnell leer sind.

Für den NATURA Camp-Stall legt der investierende Betrieb vorab Versorgungsstationen in seiner Fläche entlang der Betreiberroute des Gebäudes fest. Dazu werden meist in Eigenleistungen Wasser- und

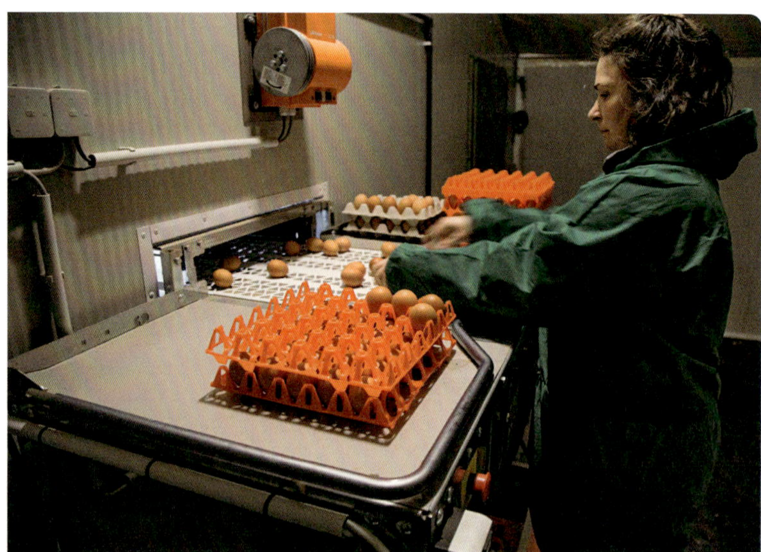

Abb. 52: Die Eiersammlung erfolgt per Eiersammelband im separaten Vorraum. Dieser lässt sich gut als Hygienezone nutzen (Quelle: Big Dutchman).

Stromkabel unterhalb der Frostgrenze verlegt. Nach jedem Standortwechsel muss man den Stall dann nur noch anschließen. Als Stromleistung für die Technik wird Dreiphasendrehstrom (230/280 V) benötigt, der für den reibungslosen Ablauf der automatischen Fütterung, Eiersammlung, Entmistung und Ventilation sorgt (s. Abb. 52). Big Dutchman plant in ähnlicher Größe ein Modell auf Achse.

Fernüberwachung via Smartphone und Tablet

Im Stall ist ein Klima- und Produktionscomputer installiert. Mit der zusätzlich zu erwerbenden Software BigFarmNet ist eine Fernüberwachung via Handy bzw. Tablet per App problemlos möglich. Außerdem ist ein Alarm installiert, der bei Störungen an das Handy des Betreibers meldet.

Eigenbaulösungen

Neben den am Markt bereits tätigen Firmen hat sich der ein oder andere Landwirt Gedanken über eigene, für seinen Betrieb passende Lösung für ein Mobilstallsystem gemacht.

Biohof Andresen

In Schleswig-Holstein hat das Landwirteehepaar Babette und Claus-Jürgen Andresen für ihren Biohof einen sogenannten „Hühner Camper" entwickelt (s. Abb. 52–57). Drei dieser mobilen Stalleinheiten betreiben sie auf eigenen Flächen. Jeder Stall ist 8 m breit und 22 m lang. Die Stallplatzkosten beziffert der Betriebsleiter mit 100 € je Hennenplatz nach Bio-Richtlinien.

Abb. 53: Die Besonderheit des Betriebes über den mobilen Eigenbau besteht darin, dass man die Junghennen selbst aufziehen kann. Nach Meinung des Entwicklers Claus-Jürgen Andresen eine der besten Entscheidungen, die er betrieblich treffen konnte. Denn seitdem er die Vorgeschichten seiner Junghennen aus eigener Aufzucht kennt, laufen seine Legehennenherden besser (Quelle: van der Linde).

Abb. 54: Je Stalleinheit finden 1500 Legehennen Platz, die in einem Bodenhaltungssystem aus mehreren Etagen der Firma Volito leben (Quelle: van der Linde).

Abb. 55: Rampen zum Auslauf (Quelle: van der Linde).

Abb. 56: Der 30 t schwere Stall steht auf Stelzen und wird per Lkw-Auflieger umgesetzt. Der Raum unter dem Hühner Camper dient den Hennen als Scharrbereich (Quelle: van der Linde).

Abb. 57: Jeder Hühner Camper hat ein Silo, das beim Umsetzen einfach mitfährt (Quelle: van der Linde).

Hofgut Martinsberg

Modulsystem

Das Hofgut Martinsberg im baden-württembergischen Rottenburg hat ein ähnliches Konzept für sich entwickelt wie die Firma farmermobil, dies jedoch schon Jahre zuvor. Jeder Stall besteht aus 3 Modulen, die einzeln bewegt und anschließend zusammengekoppelt ein Gebäude ergeben (s. Abb. 58, 59). Die einzelnen Module sind straßentauglich und lassen sich somit einfach mit einem Schlepper über normale Feldwege und Straßen fortbewegen.

Abb. 58: Die Eigenbauten des Hofguts Martinsberg bestehen aus jeweils drei einzelnen, auf Rädern aufgesetzten Modulen, die sich mit einem Schlepper ohne großen Aufwand umsetzen lassen (Quelle: Schneider).

Abb. 59: Ist der Stall geleert, kann man ihn auseinanderkoppeln und die drei Module zum Waschplatz auf den Hof fahren (Quelle: Schneider).

Die einzelnen Module des Mobilstalles sind straßentauglich.

Entwicklung

Betriebsleiter Joachim Schneider suchte als Bio-Betrieb nach einem System, mit dem er Übernutzung im stallnahen Bereich vermeiden und die Begrünung erhalten konnte.

Zu diesem Zeitpunkt gab es bereits verschiedene Mobilstallmodelle am Markt und das Prinzip leuchtete ihm ein. Er begann mit der Planung für einen Prototyp nach eigenen Vorstellungen.

Hühner und Energieholzplantage – kluge Kombination

Über Kontakte zur benachbarten Hochschule für Forstwirtschaft Rottenburg entwickelte er zusammen mit dortigen Wissenschaftlern im Jahr 2009 ein Konzept aus seinen mobilen Ställen in Verbindung mit Energieholzgewinnung. Das Projekt wird weiterhin von der Hochschule wissenschaftlich betreut. Die Ausläufe sind mit Weiden und Pappeln bepflanzt. Diese Bäume haben gegenüber anderen Bepflanzungen Vorteile:

- Aufrechte Äste bieten keine Ansitzmöglichkeit für Raubvögel.
- Weiden sind starke Stickstoffzehrer.

Win-win-Situation durch Bepflanzung

Die Ausscheidungen der Hühner haben einen positiven Einfluss auf das Wachstum und somit die Ertragssituation der Energieholzplantage. Die Pflanzen entziehen dem Boden Stickstoff und verhindern die unerwünschte Anreicherung.

Kurzumtriebsplantage

Für die Kurzumtriebsplantage (KUP) wurde eine 7,1 ha große Fläche mit ackerbaulichem Status gewählt. Diese Fläche unterteilte man in 18 Parzellen, auf denen sich 6 der Mobilställe in den Plantagenreihen der Bepflanzungen befinden.

Der Status der KUP-Plantage hat einen weiteren Vorteil: Sollte die gewählte Geflügelhaltung eines Tages auf einen anderen Standort verlagert oder gar aufgegeben werden, lässt sie sich wieder als Acker nutzen und verliert diesen Status zwischenzeitlich nicht.

Die patentierten Mobilställe von Joachim Schneider haben Grundflächen von jeweils 13 × 9 m und bieten Platz für jeweils 1000 Hennen nach Bio-Richtlinien. Jeder Stall hat einen Vorraum, der auch als Hygienezone dienen kann. Dort kommen die Eier per Sammelband an.

2013 erhielt Joachim Schneider den Landestierschutzpreis Baden-Württemberg für sein Konzept der mobilen Eigenbauten in Kombination mit dem Agroforstsystem und gleichzeitigem Schutz seiner Nutztiere vor Raumvögeln.

Der Stall soll laut Betriebsleiter Joachim Schneider einmal in Serie gehen. Ersten Schätzungen zufolge könnte der Stall zu einem Hennenplatzpreis von 125–130 € unter Bio-Bedingungen auf den Markt gelangen.

Abb. 60: Der Eigenbau-Stall des Ontrup-Hofes ist seit Sommer 2016 belegt und verfügt über keine Automatisierung, die Fütterung erfolgt über Wandautomaten aus der Ferkelaufzucht, die Entmistung per Entmistungsband (Quelle: van der Linde).

Hof Ontrup

Das Ehepaar Karl-Heinz Ontrup und Anja Benteler in Münster betreibt auf ihrem landwirtschaftlichen Hof die Mast von Haus- und Iberico-Schweinen. Mit Blick auf die Schaffung weiterer Einkommensquellen bot sich die Produktion von Eiern für die Direktvermarktung an. Die gute Lage des Betriebes in unmittelbarer, gut sichtbarer Nähe zur stark frequentierten B219 sprachen dafür, sich mit den mobilen Stallsystemen auseinanderzusetzen. Nach Recherche der am Markt erhältlichen Stallmodelle entschied sich Karl-Heinz Ontrup dafür, seinen Stall selbst zu bauen. Dieser wurde 2016 zum ersten Mal mit einer Schar bunter Legehennen belegt. 220 Tiere haben im Prototyp Platz, der jener Bauweise des bekannten Weiland-Hühnermobiles optisch ähnelt (s. Abb. 60, 61).

Entwicklung

Der Betriebsleiter hatte den Stall überwiegend in Eigenarbeit erstellt. Immer dann, wenn der Betriebsablauf es zeitlich zuließ, zog er sich für die Arbeiten am Mobilstall in seine Scheune zurück.

Wie fast alle kreativen „Eigenkonstrukteure“ hat der Bauherr seine Arbeitszeit nicht erfasst. Somit lassen sich hier nur die Netto-Materialkosten beziffern, die bei 59 € pro Hennenplatz liegen.

Abb. 61: Bei der Eiervermarktung setzte man beim Ontrup-Hof zunächst auf ein Eierhäuschen mit Kühlschrank und auf Vertrauen. Nach schlechten Erfahrungen wurde bald in einen Eierautomaten der Marke Regiomat investiert (Quelle: van der Linde).

Zweiter Mobilstall mit mehr Automatisierung

Mittlerweile hat Karl-Heinz Ontrup ein zweites Mobil nach dem Prinzip des ersten Stalles fertiggestellt. Dieser soll zur Überbrückung dienen, wenn der erste Stall geleert wird – um einem „Eierloch" in der Vermarktung entgegen zu wirken.

In Leerzeiten eines der beiden Ställe soll im zweiten Mobil auch die Möglichkeit bestehen, hin und wieder einen Durchgang Freilandhähnchen zu mästen. Ein weiteres Standbein Richtung „gefiedertem Einkommen" – so die Planung von Ehefrau Anja Benteler.

Während im ersten Modell völlig auf Automatisierung verzichtet wurde, hat sich das Ehepaar im zweiten Stall dafür entschieden, zumindest die Fütterung zu mechanisieren. Diese zusätzliche Investition macht den Stall etwas teurer, sodass der Legehennenplatz im zweiten Mobil 4,60 € mehr kostet.

Eignet sich der Mobilstall für Legehennen- und Masthähnchenhaltung gleichermaßen, kann man sich ein zweites Standbein aufbauen.

Die Kosten des Masthähnchenplatzes werden sich am künftig angestrebten Mastendgewicht orientieren. Aber zunächst einmal werden Legehennen eingestallt, das Konzept der Freilandhähnchenvermarktung ist noch in der Planungsphase.

Hof Mettenborg – Ein Praxisbericht

Philipp Mettenborg aus Rheda-Wiedenbrück hatte ursprünglich die Überlegung, einen seiner leerstehenden Schweineställe für die Hühnerhaltung zu nutzen. Hier wären für die Umrüstung des Gebäudes verhältnismäßig hohe Kosten auf ihn zugekommen.

Philipp Mettenborg berichtet

„Das Beratungsgespräch mit einem Mobilstallanbieter brachte mich auf die Idee, auf das System Mobilstall zu setzen. Wie ich erfuhr, brachte das nicht nur einen guten Werbeeffekt, sondern würde auch die Vermarktung ankurbeln. Das leuchtete mir ein. Hinzu kam das geringere Investitionsrisiko: Wenn es mit der Direktvermarktung aus irgendwelchen Gründen nicht läuft, ist ein mobiler Stall gut zu veräußern.

Die Entscheidung war gefallen und ich fing an, mich mit den am Markt gängigen Modelle zu befassen, um mich über die Vor- und Nachteile der verschiedenen Systeme zu informieren. Dabei war mir wichtig, mich mit Kollegen in Praxisbetrieben zu unterhalten, da diese bereits die ein oder andere Unzulänglichkeit ihres Betriebssystems kannten.

Im Anschluss an diese Nachforschungen überlegte ich, wie ich mir selbst ein optimiertes Stallsystem bauen könnte. So habe ich meine Zeichnungen einem mir bekannten Schlosser gezeigt und wir sind zwei Monate lang immer wieder in Klausur gegangen, wie man so einen Eigenbau realisieren könnte (s. Abb. 62, 63).

Gründe für meine **Entscheidung zum Eigenbau** waren auch, dass mir bei den seriellen Ställen das Preis-Leistungs-Verhältnis nicht zusagte. Ich wollte weder im Regen stehend Eier sammeln, Futter per Eimer in den Stall schleppen, feh-

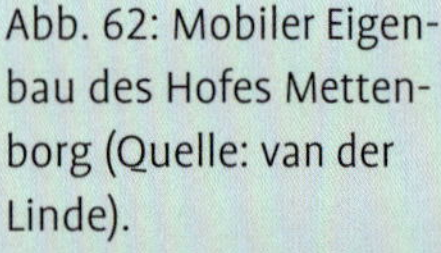
Abb. 62: Mobiler Eigenbau des Hofes Mettenborg (Quelle: van der Linde).

Abb. 63: Über einen elektrisch geregelten Mistschieber lässt sich der Kot in eine Mistbox schieben. Die Box wird dann per Hoftrac abtransportiert (Quelle: van der Linde).

lende Ventilation akzeptieren noch den Kot ein ganzes Jahr im Stall spazieren fahren. Auch das Kufensystem kam für mich nicht infrage, denn der Wechsel einer Fläche oder Reinigung des Stalles auf dem Hof erschien mir damit schwierig.

Durch einen landwirtschaftlichen Gerätehandel bin ich größtenteils ohne Probleme an die gesamte **Tierhaltungsausstattung** gekommen. Lediglich die Futterschalen musste ich direkt von der Herstellerfirma aus Belgien ordern, was etwas länger gedauert hat.

Meine Schwester half mir bei der Renovierung unseres kleinen Hofladens und besuchte mit mir zusammen **ein Seminar über Direktvermarktung** von Eiern bei der Landwirtschaftskammer NRW. Wir wollten uns gut aufstellen und den Kunden bei Fragen kompetent Rede und Antwort stehen können. Da ich in der Stallbauphase mitten im Abitur steckte, war mir meine Schwester bereits damals eine große Stütze und ist auch heute mein Rückhalt, wenn ich mal nicht da bin.

Bei den Hennen hatte ich die Idee, dass eine **bunte Herde attraktiver** aussähe als der gängige braune „Einheitsbrei" der Hybriden. Ich dachte, dass es mir werbetechnisch bei der Kundenakquise Vorteile bringen könnte. Grundsätzlich erfreuen sich auch viele an dieser Hühnerschar (s. Abb. 64, 65).

Ich bin der Ansicht, dass eine gemischte Herde prinzipiell zu handhaben ist, wenn die verschiedenfarbigen Tiere in etwa gleich großen Anteilen vertreten sind. Diese müssen ganz sicher **aus einer Aufzucht** stammen. Das bedeutet, dass die Tiere sich vom Schlupftag an untereinander kennen. Hier musste ich leider kräftig Lehrgeld zahlen, denn meine Tiere waren trotz Beteuerung des Verkäufers nicht zusammen aufgezogen. Auch ließ der relativ hohe Anteil der Schnabeldeformationen (Kreuzschnabel) den Schluss zu, dass ich quasi die kläglichen Reste aus einem Aufzuchtstall erhalten hatte. Meine Konsequenz daraus: Die nächsten Hennen liefert mir jemand anderes.

Des Weiteren habe ich die Tiere nicht – wie bestellt – mit 17,5–18 Lebenswochen in meinen Betrieb bekommen, sondern sie waren vermutlich schon 2 Wochen älter.

Abb. 64: Scharr- und Beschäftigungsbereich unter dem Eigenbau-Stall des Mettenborg-Hofes (Quelle: van der Linde).

Abb. 65: Blick in den Stall (Quelle: van der Linde).

Alle genannten Punkte zusammen führten unter den Hennen zu **Verhaltensstörungen** im Sinne von Federfraß und -picken. Erschwerend in dieser Situation kam hinzu, dass die älteren Tiere unmittelbar nach Ankunft mit der Eiablage begannen. Ohne die Chance zu haben, sich erst einmal in der neuen Umgebung zurecht zu finden und die Nester zu erkunden waren Probleme vorprogrammiert. Bereits an den ersten Tagen hatte ich eine Legeleistung von immerhin 25 %, davon landeten 5 % auf dem Bodengitter. Das war sehr frustrierend und ich setzte mich mit der Geflügelberatung der LWK NRW in Verbindung.

Durch VERSCHIEDENE TRICKS konnten wir die Herde etwas einstellen. Dreiecke in den Ecken halbierten die Winkel und rundeten sie ab, die Gefahr des Erdrückens von legewilligen Tieren sank. Gipseier als optischer Anreiz in den Nestern und ein roter LED-Streifen innerhalb der Nester lockte tatsächlich die ersten neugierigen Tiere zur Eiablage in die Nester. Um diese zusätzlich besser erreichbar zu machen, wurden Holzlatten von den Sitzstangen zu den Anflugstangen herübergelegt. Auch das wurde von den Tieren umgehend und gern angenommen, war in dieser Phase nur etwas hinderlich für die Tierbetreuung und die täglichen Stalldurchgänge.

Zusätzlichen Aufwand haben wir betrieben, indem wir legewillige Hennen vormittags per Hand vom Boden in die Nester setzten. Aus meiner Sicht hat sich der Aufwand aber gelohnt: Alle Maßnahmen zusammen hatten den gewünschten Effekt. Heute ist die Herde bezüglich Nestgängigkeit gut eingestellt.

Abb. 66: Per Handkurbel lassen sich die sauberen Eier über ein Eierband in den Vorraum transportieren (Quelle: van der Linde).

Was sich nicht ganz gegeben hat und vermutlich mit den nicht zusammen aufgezogenen Tieren zusammenhängt, sind immer wieder vereinzelt angepickte und verletzte Tiere. Auch **Zehenkannibalismus** habe ich vor kurzem mit Besorgnis bei einem Tier entdeckt. Natürlich nehme ich jedes verletzte Tier sofort aus dem Bestand und setze es in eine an der Stallwand aufgehängte Krankenbox bis es sich erholt hat. So kann das Tier bei der Herde bleiben und es gibt später keine Probleme bei der Rückführung.
Etwas unzufrieden bin ich mit meiner **Legeleistung**, diese liegt jetzt Mitte 6. Legemonat bei 81 %. Meine Geflügelberaterin von der LWK NRW klärte mich dann auf, dass dies mit meinen „Bunten Hybriden" zusammenhängt. Diese erreichen nicht das Leistungsniveau der üblicherweise in der Eierproduktion verwendeten Hennen.
Den **Standort** meines Stalles halte ich für optimal. Er liegt gegenüber unseres Hofes auf der anderen Seite an einer stark befahrenen Hauptverkehrsstraße. Da wir bereits ein Leerrohr unter der Straße liegen hatten, um früher Wasser und Strom für unsere Kühe zu gewährleisten, konnte ich dieses nutzen und habe meine Versorgungsleitungen für den Hühnerstall hindurchgelegt. Auf der anderen Straßenseite habe ich einen abschließbaren Sicherungskasten mit Wasser- und Stromanschluss installiert. Somit muss ich mir weder über Wasser- noch Stromspeicher Gedanken machen.
Mein Stall ist für 320 Hennen ausgelegt, im ersten Durchgang bin ich **mit 200 Hennen gestartet**. Der begrenzende Faktor für die mögliche Tierzahl sind bei mir die Sitzstangenlängen und Tränkstellen.
Da ich zwischen meinem Abitur in jeder freien Stunde an dem Stall arbeitete, habe ich leider meine Arbeitszeit nicht erfasst. Insgesamt habe ich durch den Bau in meiner knappen Freizeit fast ein halbes Jahr für die Fertigstellung benötigt. Auf die gesamt mögliche Hennenzahl habe ich etwa 56 € netto an Materialkosten aufgewendet."

Biohof Leiders

Christoph Leiders, Biolandwirt in NRW, produziert in drei HüMo MAX 800 der Firma Weiland die Eier für seinen recht erfolgreich laufenden Hofladen. In der Vergangenheit war er oft mit der Qualität des gelieferten Geflügelfleischs nicht 100 %ig zufrieden und er konnte auch nicht immer sicher nachvollziehen, wo seine Ware herkam.

Mobile Hähnchenmastställe aus umgebauten Sauenställen

Aus diesem Grund entscheid er sich damals, selbst in die Hähnchenproduktion einzusteigen und dies ebenfalls in mobilen Einheiten. Hierzu entwickelte er aus ehemaligen Freiland-Sauenställen seine Leiders-Hähnchenmobilställe, wovon er mittlerweile 13 Stück betreibt und alle 3 Wochen 550–750 schlachtreife Hähnchen erhält.

Hat man z. B. einen alten Freiland-Sauenstall „übrig“, kann man daraus mit etwas Geschick einen Mobilstall für Hühner bauen.

Voraufzucht im Feststall

Aus Gründen des Energiemanagements erfolgt in den ersten 5 Wochen die Voraufzucht im Feststall. Dies ist auch deshalb wichtig, weil die mobilen Hähnchenställe von Leiders keinen geschlossenen Boden haben. Erst mit Anfang der 6. Lebenswoche erfolgt die Umstallung in die mobile Hähnchenmasthütte. Auf 3 × 4,50 m Grundfläche finden 170–180 Hähnchen je Hütte Platz. Die nur 1,70 m hohen „Leidersmodelle“ lässt er im Lohn bauen, 9 Stück stehen auf seinen Grünflächen im Blickfeld des Hofladens (s. Abb. 67–69).

Abb. 67: Der Leiders-Hähnchenmobilstall (Quelle: van der Linde).

Kosten

Die Kosten je Stalleinheit beziffert Christoph Leiders mit 5000 €, der Masthähnchenplatz liegt somit bei 27,80 €. Die relativ kleinen Stalleinheiten sind mit aufwändiger Technik ausgestattet, z. B. mit automatisch schließenden Auslaufklappen und einer ausgeklügelten Wasserversorgung: Ein unter der Decke angebrachtes System aus KG-Rohren fasst jeweils 250 l und speist die Hängetränken.

Abb. 68: Versetzt werden die Leiders-Hütten nach der Ausstallung des letzten Tieres einfach mit dem Frontlader des Traktors. Unmittelbar danach wird die unter dem Tunnel angefallene Einstreu von der Weidefläche entfernt (Quelle: Leiders).

Abb. 69: Die Wasserversorgung des Leiders-Mobilstalles wurde innovativ gelöst: ein unter der Decke angebrachtes System aus Kanalgrundrohren fasst jeweils 250 l und bespeist die Hängetränken (Quelle: van der Linde).

Biohof Stolze

Im Raum Hannover bewirtschaftet Landwirt Hendrik Stolze seit 30 Jahren seinen Hof nach den Regeln des Bio-Landbaus. Der Betrieb hat 180 Mastschweineplätze und momentan 85 Rinder. In der Mutterkuhhaltung setzt Stolze auf die Rasse Uckermärker, der jüngsten deutschen Rinderrasse. Im eigenen Schlachthaus werden je Woche etwa 8–10 Schweine und ein Rind geschlachtet sowie anschließend zerlegt und u. a. zu Wurst verarbeitet. Zusätzlich zum Großvieh investierte Bauer Stolze auch in ein eigenes Geflügelschlachthaus. Dabei legt er großen Wert auf Qualität und stressfrei ablaufende Schlachtvorgänge. Saisonal werden hier 500 Flugenten und 500 Gänse geschlachtet.

Hähnchenmast im selbstentwickelten Mobilstall

Den Hauptbedarf seiner Geflügelfleischnachfrage sieht er jedoch in der Hähnchenfleischproduktion. Hierfür hält er im Betrieb dauerhaft 900 Voraufzuchtplätze und 1500 Endmastplätze vor. Für die Endmastphase hat er einen eigenen, mobilen Hähnchenmaststall entwickelt.

Wirtschaftlichkeit und Zeitersparnis

Auf die Arbeitswirtschaft und Zeitersparnis im laufenden Betrieb sowie auf die Schadnager-Absicherung wurde vom Betriebsleiter bei der Entwicklung des Stalles ein starkes Augenmerk gerichtet (s. Abb. 70, 71).

Strom- und Wasserversorgung

Die Stromversorgung erfolgt über ein Solarmodul, die Wasserversorgung über einen per Traktor angefahrenen Vorratstank.

Abb. 70: Der 3,5 × 6 m große und 3,5 t schwere Hähnchenmaststall des Stolze-Biohofes wird mittels Greifhaken auf einen Containerauflieger gezogen und dann mit einem Traktor zum neuen Standort gefahren. Den Anhänger mit Aufliegevorrichtung leiht sich Hendrik Stolze bei Bedarf von einem örtlichen Unternehmer (Quelle: van der Linde).

Abb. 71: Die tägliche Versorgung erfolgt mit einem Elektrofahrzeug. So wird regelmäßig Futter angefahren und im Stall in Rundautomaten gefüllt (Quelle: Stolze).

Widerstandsfähige Bodenplatte

Entmistung ganz einfach: eine Klappe am hinteren unteren Stallende öffnet sich, wenn der Stall am anderen Ende angehoben wird: Die Einstreu rutscht dann einfach raus.

Obwohl Wände und Decke aus wasserdicht beschichteten Holzplatten gefertigt sind, bestehen nach Angaben des Landwirtes auch im Winter keinerlei Probleme mit Tropfwasser. Die Böden der ersten Modelle waren ursprünglich mit Siebdruckplatten ausgestattet worden. Mit der glatten Seite zum Stallinneren sollte so der Mist gut rausrutschen. Es stellte sich jedoch heraus, dass der scharfe Geflügelkot die wasserdichte Oberfläche angriff. Aus diesem Grund sind nun alle Böden mit PE-Platten ausgestattet, die widerstandsfähiger gegen Geflügelkot sind (s. Abb. 72, 73).

Lichtversorgung

Der Bedarf an Innenbeleuchtung wird neben Elektrik überwiegend über entsprechende Lichtleisten im oberen Wandbereich gedeckt. Die Ställe werden nach Angaben des Landwirtes stets mit der Auslaufluke gen Süden aufgestellt und außen mit Hackschnitzeln im stallnahen Bereich an die Luke angefüllt.

Stabilität

150 Hähnchen finden im 3,5 × 6 m großen Stall Platz. Das Gebäude ist sehr stabil gebaut, Hendrik Stolze gibt an, dass auch ein Sturm für dieses Gebäude kein Problem sei (s. Abb. 74, 75).

Tierplatzkosten

Die Kosten seines Stalles werden von Stolze mit 7500–8000 € beziffert, der Tierplatz in diesem Stall kostet ca. 52 €.

Abb. 72: Die Entmistung beim Stolze-Mobilstall wurde recht findig gelöst: Am unteren hinteren Stallende befindet sich eine Klappe, über die sich die Einstreu entleeren lässt (Quelle: van der Linde).

Abb. 73: Wird die Klappe am unteren Stallende entriegelt und der Stall mit dem Greifarm angewinkelt, rutscht die Stalleinstreu am hinteren Stallende über die gesamte Breite hinweg einfach heraus (Quelle: van der Linde).

Abb. 74: Das Metallgerüst für den Stall ließ der Landwirt Stolze in Lohn schweißen, Holzverkleidung und -ausbau sowie Isolierung erfolgten bei ihm auf dem Hof (Quelle: van der Linde).

Abb. 75: An der Auslaufseite des Stalles findet sich über die gesamte Länge eine große, schwere Wellblechplatte. Diese bildet hochgeklappt das Dach des Auslaufes (Quelle: van der Linde).

Konzept: Zerlegeware

Stolze ist einer der wenigen, die im Bio-Bereich nicht auf langsam wachsende Masthähnchenlinien setzt. Sie passen nicht in sein Vermarktungskonzept, das er auf Zerlegeware ausgelegt hat. Ganze Schlachtkörper vermarktet er nicht. Bei ihm werden die Tiere der Linie Cobb 140–150 Tage alt.

Neue Planungen

Derzeit plant Hendrik Stolze seine eigene Hähnchen-Mastelterntierhaltung. Er ist mit der gelieferten Kükenqualität nicht immer zufrieden und möchte versuchen, die Brut in die eigene Hand zu nehmen. Etwa 100 Elterntiere der Herkunft Cobb werden dann auf seinem Hof die Bruteier für seine selbst produzierten Mastküken legen, die dann in den Mobilställen gemästet werden.

Büffelhof Mölders – Umbau eines Bauwagens

In Barlo bei Bocholt betreibt das Landwirtsehepaar Silvia und Martin Mölders einen Wasserbüffelhof im Nebenerwerb. Als 2016 der Hofladen eröffnet werden sollte, bot sich der Einstieg in die Legehennenhaltung zur Erweiterung des künftigen Ladenangebotes an. Die Büffelhaltung und die daraus resultierend Mozzarella- und Fleischproduktion bilden im Betrieb den Schwerpunkt. Durch die zu tätigenden Investitionen, die für den Hofladen und ein Bauernhof-Café anfielen, rückte die Anschaffung eines seriellen Hühnermobils mit Kosten im fünfstelligen Bereich in weite Ferne. Ein auf dem Hof vorhandener, zweiachsiger Bauwagen wurde als künftiger Hühnerstall ins Auge gefasst (s. Abb. 76).

Tierschutz-Nutztierhaltungsverordnung einhalten

Der Eigenbau einer mobilen Unterkunft für landwirtschaftliches Nutzgeflügel setzt zunächst voraus, dass sich der künftige Hühnerhalter mit den gesetzlichen Vorgaben der **Tierschutz-Nutztierhaltungsverordnung** (TierSchNutztV) auseinandersetzt. Das Wissen um die dort verankerten, gesetzlichen Bestimmungen und die richtige Interpretation sind die elementaren Voraussetzungen für den Bau eines eigenen Mobilstalles jeglicher Art.

Abb. 76: Umgebauter Bauwagen des Wasserbüffelhofes Mölders (Quelle: van der Linde).

Sollten Sie erwägen, einen eigenen Mobilstall zu bauen, müssen Sie die gesetzlichen Bestimmungen der relevanten Abschnitte der Tierschutz-Nutztierhaltungsverordnung befolgen.

Tierschutz-Nutztierhaltungsverordnung (TierSchNutztV): Relevante Abschnitte

Legehennenhaltung:

Abschnitt 1: Allgemeine Bestimmungen: Inhalte der §§ 1, 2, 3, 4

Abschnitt 3: Anforderungen an das Halten von Legehennen: Inhalte der §§ 12, 13, 13 a, 14

Masthähnchenhaltung:

Abschnitt 1: Allgemeine Bestimmungen: Inhalte der §§ 1, 2, 3, 4

Abschnitt 4: Anforderungen an das Halten von Masthühnern: Inhalte der §§ 16, 17, 18, 19, 20

Bei einem Eigenbau reduzieren auf dem Boden stehende Rundfutterautomaten die tatsächliche Nutzfläche. Das reduziert die erlaubte Anzahl an Tieren.

Platz für Hennen ermitteln

Im Falle des Bauwagens auf dem Hof Mölders wurde bei geplanter, 1-etagiger Bodenhaltung zunächst rechnerisch ermittelt, dass dort maximal 141 Legehennen untergebracht werden können. Zum Ermitteln der Nutzfläche, die den Tieren tatsächlich zur Verfügung steht, waren die Standflächen der Rundfutterautomaten abzuziehen, da sich dort keine Nutztiere aufhalten können. Demnach war die Haltung von maximal 130 Tieren möglich.

Abb. 77 und 78: Kotgrube in L-Form aufgrund der Deckenhöhe, so können bequem vom Gang aus die Futterautomaten bedient werden (Quelle: van der Linde).

Abb. 79: Alle hochliegenden Elemente müssen gegen ein Anfliegen der Hennen geschützt werden – entweder durch Gitter oder schräge Flächen (Quelle: van der Linde).

Arbeitserleichterung trotz einfachem Konzept

In weiteren Planungen flossen trotz einfachstem Konzept Überlegungen mit ein, wie sich die tägliche Arbeit erleichtern ließe. Bei der Einrichtung von zwei Dritteln Kotgrube und einem Drittel Einstreubereich wäre eine Anordnung auf die Länge gesehen einfacher und üblich gewesen. Dies hätte aber bedeutet, dass Silvia Mölders zur wöchentlichen Befüllung der Rundautomaten mit rund 130 kg Futter auf der Kotgrube wegen begrenzter Deckenhöhe in gebeugter Haltung hätte herumklettern müssen. Außerdem werden die Rundautomaten 1- bis 2-mal täglich leicht gedreht, weil Mehlfutter zu Brückenbildung neigt. Dies bedeutet, dass nicht an allen Stellen aus dem Zylinder gleichmäßig Futter in die Futterrinne nachläuft.

Im Mölders-Konzept fiel die Entscheidung für eine L-artige Anordnung der Kotgrube (s. Abb. 77, 78). So lassen sich vom Scharrbereich aus sowohl die wöchentliche Befüllung als auch das tägliche Management der Rundautomaten bewerkstelligen.

Stabilisierungen schaffen

Der Umbau des Bauwagens erfolgte überwiegend von der handwerklich begabten Silvia Mölders und der Mithilfe ihrer Töchter. Beim Einbau der Einrichtung im Stall stellten sich vereinzelt Herausforderungen, für die es Lösungen zu finden galt. So waren z. B. mit dünnen Holzplatten verkleidete Innenwände nicht unbedingt dafür ausgelegt, dass schwere Gegenstände daran befestigt werden konnten (s. Abb. 79). Aus diesem Grund erhielten der 80-l-Wasserbehälter unter der Decke, die Kotgrube, die zuweilen durch Futter und Tiere mit fast 500 kg belastetet ist, sowie die beiden Familiennester eine Unterkonstruktion aus Holz (s. Abb. 80, 81, 82). Diese wurde an den Wandholzplatten befestigt, sodass die Hauptlast der Aufbauten der stabile Boden trägt. Das Material Holz war ein erforderlicher Kompromiss, der sich negativ auf mögliche Milbenverstecke auswirkt. Dies betrifft ebenso die Holzsitzstangen, die aus Platzgründen unmittelbar auf den Kotgrubenrosten

Wer sich für eine Bauweise mit dem Material Holz entscheidet, muss später im laufenden Betrieb stets ein gewissenhaftes Auge auf Milbenpopulationen haben.

Abb. 80: Bei der Tränktechnik muss man bedenken, dass Legehennen alles anfliegen, was Platz zum Sitzen bietet. So kann der ein oder andere Wasserschlauch abreißen und Wasser strömt in den Stall. Um das zu verhindern, wurden die Zuleitungsschläuche der Nippelbahn im Mölders-Stall entsprechend geschützt (Quelle: van der Linde).

Abb. 81: Für die Wasserversorgung wurde eine Nippelleitung installiert. Damit die Tiere nicht auf der Plastikleitung sitzen, ist sie unterhalb einer Sitzstange installiert (Quelle: van der Linde).

platziert wurden. Bei der Bemessung der insgesamt erforderlichen Sitzstangenlänge mussten auch hier die Standflächen der Rundfutterautomaten bedacht und angerechnet werden.

Nester

Beim selbstgebauten Familiennest fiel die Entscheidung für ein Nest mit Buchweizenschalen als Einstreumaterial, das im Stall platziert wurde (s. Abb. 82). Die einstreulosen Alternativen wären zwei im Handel erhältliche Familienester mit Astroturf-Matte und Eierkanal hinter den Nestern gewesen. Für den Eierkanal hätte man jedoch die Bauwa-

Abb. 82: Vor dem Nest muss sich eine Anflugstange in erreichbarer Höhe befinden. Die lichte Höhe unter dem Nest muss 45 cm betragen, damit die Fläche noch als Nutzfläche gilt. Das schräge Nestdach im Mölders-Mobilstall verhindert ein Anfliegen und Sitzen darauf. Eine Hilfsbahn von der Kotgrube zum Nest erleichtert das Aufsuchen (Quelle: van der Linde).

Abb. 83: Im Mölders-Stall wurden im Abstand der Gitterbreite stützende Leisten in den Holzrahmen unter der Gitterfläche gesetzt. Die spitzen Kanten des Streckmetalles klebte man mit einer Aluschiene (1,55 cm Breite, 2 mm Höhe) ab, um Verletzungen von Mensch und Hühnerfüßen vorzubeugen (Quelle: van der Linde).

genwand einschlitzen müssen, was Auswirkungen auf die Statik gehabt hätte. Außerdem hätte man die Eier außerhalb des Wagens bei jedem Wetter einsammeln müssen, und das Risiko, dass die Eier im Winter einfrieren, wäre zu groß gewesen.

Einstreu

Bei einem Familiennest mit Einstreu ist wichtig, dass diese gut durchlüftet wird. Das lässt sich nur erreichen, wenn der Untergrund aus einem feinen Draht oder Gitter beschaffen ist. Die Gründe für diese Vorgehensweise finden sich im Kapitel 5).

Stabiler Gitterboden

Der Gitterboden des Nestes muss vor allem stabil sein, denn zur Hauptlegezeit sind die Nester gefüllt mit Hennen á 2 kg Körpergewicht. Als geeignetes Material für das Familiennest wählte man ein Stahlgitter aus Streckmetall in den Maßen 25 × 50 cm und einer Masche von 6 mm aus

Buchweizenschalen sind meist bedeutend teurer als Dinkelspelzen.

dem Baumarkt (s. Abb. 83). Vier dieser Gitter bilden jeweils ein Familiennest, die Grundmaße wurden nach der Größe dieser Gitter angepasst.

Die Maschen dürfen nicht zu groß sein, wenn als Einstreumaterial Buchweizenschalen verwendet werden.

Lichtversorgung

Die bereits vorher im Bauwagen vorhandenen Fenster sorgen für eine gute Ausleuchtung im Stall, an den kürzeren Wintertagen wird das schwindende Tageslicht mit künstlicher Beleuchtung ergänzt. Warum dieser Ausgleich für die Ökonomie der Hennenhaltung elementar wichtig ist, ist im Kapitel 5 zum Thema Lichtmanagement zu lesen.

Wasserversorgung

Der installierte 80-l-Vorratsbehälter hängt im Sommer dauerhaft an einem Gartenschlauch, in Frostperioden wird der Behälter alle 3–4 Tage manuell befüllt (s. auch Kap. 5).

Entmistung

Beim Umbau des alten Bauwagens mussten Abstriche gemacht werden. Kaum jemand würde in einem solchen Bauwagen eine automatisierte Entmistung einbauen. So entschied man sich dafür, das Entmistungssystem nach dem Konzept alter Bodenhaltungsställe zu handhaben: Aufbau einer Kotgrube und Verbleib der Ausscheidungen für ein Jahr im Stall. Nach Ausstallung der Herde erfolgt der Abbau der Kotgrube, dann die Entmistung, Reinigung, Desinfektion und letztendlich die Neueinstallung der Hühner.

Man geht davon aus, dass bis zu 50 % der Ausscheidungen der Hühner im Auslauf stattfinden. Der Rest des Kotes wird im Stall abgesetzt.

Lüftung

Der Bauwagen hat keine Zwangsventilation, der Luftaustausch findet über manuelle Einstellungen der Fenster und Eingangstür statt.

Investitions- und Tierplatzkosten

Der Bauwagen stand vor dem Umbau bereits ungenutzt herum, daher betreffen die Investitionskosten ausschließlich die Umbaumaßnahmen. Die Materialien wie Kotgrube und Wassertechnik wurden bei Stalleinrichtern gekauft. Die Gesamtkosten pro Tierplatz beliefen sich inklusive Satz neuer Reifen für den Bauwagen auf 24 € brutto.

Umsetzen

Der Bauwagen wird alle 2 Wochen mit dem Traktor umgesetzt.

Herdenschutz

Zum Schutz ihrer Hühner hält Familie Mölders Schafe, Ziegen und Nandus gemeinsam mit ihren Hühnern im Auslauf. Es gab bislang keine Habichtangriffe.

Andere Tiere, z. B. Ziegen, können zum Schutz der Hühnerherde beitragen (s. auch Kap. 5).

Hof Honerkamp

Der Eiererzeuger Klaus Honerkamp aus Melle-Westhoyel erläutert: „Wir brauchten vor 2 Jahren dringend Bio-Eier, diese Eier waren am Markt knapp. Wir wollten dann selber in die Produktion einsteigen, nur bei uns am Standort war aufgrund des vorhandenen Tierbestandes und Emissionsschutzes schon alles dicht.“ Glücklicherweise stellte ein Bekannter von Honerkamp seine nahe gelegene Fläche zur Verfügung. Diese war sogar schon „Bio“ und liegt günstig an einer viel befahrenen Straße (s. Abb. 84).

Umsetzen über Punktfundament

Honerkamp entwickelte für die Vermarktung seiner Bio-Eier ein Modell, das er selbst als ortsgebundenen, teilmobilen Stall deklariert. Er meldete sein nach eigenen Ideen entwickeltes System – der Fortbewegung über Punktfundamente – zum Patent an. Mittlerweile ist bereits der nächste Stall geplant, der jetzige Prototyp soll dann im nächsten Modell gespiegelt werden und ein Satteldach mit zwei beidseitigen Wintergärten erhalten. Im neuen Mobilstall soll dann Platz für zwei Bio-Herden sein.

Abb. 84: Die Fläche eines Bekannten lag in der Nähe von Hof Honerkamp und war bereits „bio“. Die günstige Lage an einer gut frequentierten Straße sprach ebenfalls für diesen Standort (Quelle: van der Linde).

Hoher Automatisierungsgrad

Damit die Weidefläche optisch ansprechenden aussieht, setzte sich Honerkamp mit der Anschaffung eines Mobilstalles auseinander. Durch die Versatzmöglichkeit sollte sich die Vegetation im stallnahen Bereich regelmäßig erholen und regenerieren können. Weil für Honerkamp Zeit auch Geld ist, wollte er den hohen Automatisierungsgrad erreichen, den er von seinen Festställen am Hof gewohnt war, damit die Wirtschaftlichkeit gewährleistet ist. Er sah sich am Markt um: Die größeren Mobilställe waren ihm auf den Tierplatz berechnet zu kostspielig und Kufenställe kamen für ihn auf der zum Teil abschüssigen Fläche nicht infrage.

Der erste teilmobile Prototyp, der schließlich nach seinen Vorstellungen fertiggestellt wurde, ist 37 m lang und 6 m breit mit einem zusätzlichen, überdachten Scharrbereich von 5 m. Das Lüftungssystem ist nach dem Prinzip einer Gleichdrucklüftung ausgelegt.

Das Punktfundament

Auf seinen so genannten Punktfundamenten finden sich Halterungen, in denen ausschließlich zum Zwecke der Fortbewegung des Stalles Rollen eingelegt werden. Hier hat Honerkamp Wert auf etwas Handelsübliches gelegt, es sollten keine teuren Sonderanfertigungen sein. Plastik, Edelstahl, kugelgelagert – alles viel zu teuer, wie er erklärt. Er bezeichnet sich selbst als „typischen sparsamen Lipperländer" und stieß bei seiner Recherche auf Rollen, die normalerweise an Muldencontainern zum Einsatz kommen (s. Abb. 85).

Abb. 85: Eine Muldencontainer-Rolle kostet 80 €. Sie wird per Schmiernippel und Fett leichtgängig gehalten. Es wurde nicht für jedes Punktfundament eine Rolle angeschafft (Quelle: van der Linde).

Abb. 86: Der Bau des Honerkamp-Stalles erfolgte im Herbst, die Bio-Herde wurde kurz vor der langen Aufstallungspflicht 2016/17 eingestallt. Durch die vegetationsfreie Zeit in Verbindung mit Baustellenarbeiten konnte bis zum Zeitpunkt der Fotoaufnahme noch keine Grasnarbe gebildet werden (Quelle: Honerkamp).

Umsetzen des Stalles

Wenn man den Stall fortbewegt, werden hinter dem Stall am aktuellen Standort Rollen frei, diese werden dann nach vorn gebracht und in Zugrichtung in die Halterungen der Punktfundamente aus Beton eingelegt. Die freiliegenden Rollen werden nach dem Stallversatz trocken gelagert und vor Diebstahl geschützt.

Der Stall lässt sich zwischen zwei festen Standorten hin und her ziehen. Es gibt zwei Versorgungsstandorte mit einem Schacht für Strom und Wasserzuleitungen sowie jeweils ein Betonfundament für das Polyestersilo.

Den ersten Stall sieht Honerkamp als Möglichkeit, Erfahrungen zu sammeln – für weitere Ställe wird es technische Verbesserungen geben.

Honerkamp hat medienwirksame Ideen: Er plant bereits ein Event, bei dem festgestellt werden soll, wie viel Manpower des „Seilzugvereins Hoyeler Adler" nötig sind, um den 25 t schweren Stall mit Menschenkraft zu versetzen. Über das Rollensystem ist das mobile Gebäude erstaunlich leichtgängig.

Scharrbereich

Der überdachte, äußere Scharrbereich hängt lose am Gebäude, er ist lediglich durch drei Schrauben pro Pfosten gesichert (s. Abb. 86). Bei einem starken Sturm würde der schwere Stall ganz sicher nicht wegfliegen, versichert Honerkamp. Statisch betrachtet ist der überdachte Scharrbereich wie ein Dachüberstand und auch für Belastungen durch Schnee ausgelegt.

Schutz und Schattenspender

Der Stall steht dauerhaft auf 20 Rollen. Der Bereich unter dem Stall ist zunächst durch Gitter abgeriegelt und so für die Tiere nicht zugänglich. Erst nachdem sich eine junge Herde eingelebt hat, bekommt sie Zugang zu diesem Bereich und nutzt diesen als Schutzzone und Schattenspender. Honerkamp möchte so vermeiden, dass beim Versetzten des Stalls verlegte Eier zum Vorschein kommen.

Geländeunabhängiger Stall

Der Vorteil des Stalles besteht darin, dass er völlig geländeunabhängig ist. Am jetzigen Standort steht er 45 cm hoch, am anderen Ende der Punktfundamente schwebt er durch das abschüssige Gelände einen Meter in der Luft.

Wenn Sie den Stall mittels Seilwinde umsetzen, wird auch bei feuchtem und weichem Untergrund die Weide durch die schweren Traktorreifen nicht beschädigt.

Zugpunkte am Stall

Momentan sind die Zugpunkte des Stalles links und rechts an den Frontseiten angelegt. Für ein weiteres Modell hat der findige Betriebsleiter bereits die Idee, den Zugpunkt des Stalles in der Mitte anzubringen. Dann soll das Umsetzen mit einer Seilwinde erfolgen, um in feuchten Zeiten die Weide nicht mit schweren Traktorreifen befahren zu müssen.

Entmisten

Die Entmistung findet 1-mal wöchentlich über die Entmistungsbänder in eine Traktorschaufel statt. Unter der Anlage ist ein Einstreu-Reduzierer in Form eines Fallschiebers installiert. Dabei ist sich Honerkamp bewusst, dass Einstreu für Hühner einen hohen Beschäftigungscharakter hat. Nach einigen Monaten werde jedoch die pulverisierte Einstreu zu

Abb. 87 und 88: Die 2000 Bio-Hennen der Linie „Lohmann plus“ leben innerhalb des Honerkamp-Stalles in einer Natura Step-Anlage von Big Dutchman (Quelle: van der Linde).

Abb. 89: Das Polyestersilo wird separat per Frontlader hinter dem Stall hertransportiert, bei Folgeställen plant Klaus Honerkamp allerdings schon, dass es mit dem Stall mitfahren soll (Quelle: van der Linde).

viel und er möchte den Scharrbereich des großen Stalles nicht von Hand ausmisten. Dabei streut er regelmäßig Hobelspäne nach. Für dieses relativ hochpreisige Einstreumaterial hat er sich entschieden, weil er sich relativ sicher ist, damit wenig Risiko mit Keimverschleppung, Salmonellen oder Mykotoxinen einzugehen.

Auf der Suche nach Gleichgesinnten

Klaus Honerkamp sucht vor allem im Bundesland NRW Erzeuger, die sich vorstellen können, mit seinem patentierten Stallkonzept in die Eierproduktion einzusteigen. Er sieht sein System als zukunftsfähiges Modell. Für ihn hat die Mobilität dieses ortsgebundenen, teilmobilen Stalles zwei Vorteile:

- die Möglichkeit der Regenerationsfähigkeit stallnaher Bereiche und
- das Vermeiden von Überdüngung von Flächen im stallnahen Bereich bei ausreichender Bahnlänge.

Tierplatz- und sonstige Kosten

Im aktuellen Prototyp lassen sich 2000 Legehennen nach Öko- und 3000 unter konventionellen Bedingungen unterbringen. Die Tierplatzkosten beziffert der Betriebsleiter mit 78 € je Öko- und 52 € je konventionellem Platz. Hinzu kommen Kosten für Punktfundamente, Genehmigungen, Erschließung und Erdarbeiten, die sich nach den örtlichen Gegebenheiten am geplanten Standort des Investors richten.

Der einsteigerwillige Erzeuger ist nicht an das von Honerkamp gewählte Einrichtungssystem gebunden, sondern kann seinen Anlagentyp frei wählen (s. Abb. 87–89). Dies wird dann vermutlich geringfügige Auswirkungen auf den Hennenplatz haben.

5 Management

Das Kapitel Management kann die verschiedenen Themen nur anreißen, andere Autoren haben damit ganze Bücher umfassend gefüllt. Hier werden daher Themen angesprochen, die Neueinsteiger im Zusammenhang mit ihrer Hühnerhaltung unterstützen sollen und dabei helfen, Fehler zu vermeiden.

Tiere

Auswahl der Hennen

Abb. 90: Hier zu sehen sind die Eischalenfarben der Hybrid- Linien „Lohmann brown", „Lohmann Sandy" und „Lohmann SL" (Quelle: van der Linde).

Der ein oder andere Mobilstallhalter möchte seinen Kunden visuell etwas Besonderes präsentieren und liebäugelt aus diesem Grund mit besonderen Hühnern. Diese sollen entweder ein attraktives Gefieder haben oder aber zumindest bunte Eier legen. Aus diesem Grund wird dann eine entsprechende Hühnerschar bestellt, die mit viel Glück zusammen aufgewachsen ist. Es ist jedoch keine Seltenheit, dass eine solch bunte Hühnerschar – trotz Versicherung des Verkäufers – nicht zusammen aufgewachsen ist. In der Regel resultieren daraus Probleme wie Unterdrückung schwacher Tiere, Federpicken und im schlimmsten Fall Kannibalismus. Außerdem ist die Legeleistung dieser Linien geringer als jene der am Markt gängigen Hybriden (s. Abb. 90).

Die Investitionskosten in ein mobiles Stallsystem sind nicht gerade gering. Daher muss gut überlegt sein, ob mit dieser Anschaffung ein positives ökonomisches Ergebnis erzielt werden oder dem Hobbygedanken einer romantischen Hühnerhaltung Rechnung getragen werden soll (s. Kap. 1). Dazu ist zu bedenken, wie hoch der Eierpreis letztendlich sein muss, um eine Minderleistung von 30–60 Eiern pro Henne und Jahr aufzufangen.

Aus Beratersicht ist es immer anzuraten, sich für gesunde Hybriden mit einer stabilen biologischen Leistung und einem entsprechenden Management zu entscheiden.

Stallvorbereitung

Bevor die Hennen eintreffen, ist eine sorgfältige Stallvorbereitung wichtig. Die Eingewöhnungsphase im Mobilstall ist einer der wichtigsten Zeiträume, den das Tier unter Obhut des Halters durchläuft. Werden hier Fehler gemacht und hat die Herde einen schlechten Start, kann dies über die gesamte Haltungsdauer nachwirken.

Qualitäts-Check des Mobilstalles

Kurz vor Eintreffen der Junghennen sollte der Halter seinen Stall einem letzten Qualitäts-Check unterziehen:

- Sind die Tränken gereinigt und funktionsfähig, wurde Wasser frisch eingefüllt?
- Sind die Futtertröge vor dem Befüllen gereinigt worden?
- Ist das Futter eingefüllt?
- Funktionieren alle elektrischen Einrichtungen?
- Ist die Einstreu trocken und sauber?
- Gibt es Verdunkelungsmöglichkeiten an den Fenstern: Winter-/Sommeraufzucht?
- Ist der Stall in der kalten Jahreszeit erwärmt worden?

Die Hennen treffen ein

Wenn die Hennen eintreffen, sollte man folgende Punkte abhaken:

- Übergabeprotokoll einfordern
  Lichtstunden und Uhrzeit erfragen
- Form des Impfschutzes erfragen:
  - normale Impfungen: Nachimpfung per Trinkwasser nötig
  - Öladsorbat-Impfung per Nadel: ca. 1 Jahr Impfschutz
- welche Hybridherkunft (bei Bedarf Soll-Daten-Tabellen der Zuchtunternehmen zur Leistungsüberprüfung: Körpergewicht, Legeleistung

Hähne – ja oder nein?

Hähne haben einen Einfluss auf die Ausgeglichenheit der Hühnerherde (s. Abb. 91). Erfahrene Hähne verteidigen ihre Hennen und greifen sogar Habichte an. Sie müssen allerdings mit ihren Hennen aufgewachsen sein, sonst haben die Hähne in der Herde kein leichtes Los und werden in der Regel von ihren Damen intensiv bepickt.

Abb. 91: Einige Mobilstallhalter setzen besonders aktiv schützende Hähne auch in der Folgeherde ein. Unerfahrene Junghähne sind oft scheu und bei einem Habichtangriff die ersten, die in den Stall flüchten (Quelle: van der Linde).

Lichtmanagement in den Jahreszeiten

Dr. Christiane Keppler

Bedeutung von Licht für Hühner

Die Vorfahren unserer Haushühner stammen aus den Regenwaldgebieten Südostasiens. Dort gibt es sehr unterschiedliche Lichtstärken und -qualitäten von sehr dunkel z. B. im Unterholz bis sehr hell in der direkten Sonne. Das Sehvermögen der Hühner ist an diese Gegebenheiten angepasst.

Hühner können bei niedrigen Lichtintensitäten sehr viel besser sehen als der Mensch und dabei auch noch unterschiedliche Farben wahrnehmen. Außerdem können sie mehr Farben sehen als der Mensch. Sie sind z. B. in der Lage UV-Licht zu sehen. Hierdurch erscheinen die Farben für Hühner völlig anders. Zudem können sie Farben viel besser voneinander unterscheiden.

Im Vergleich zum Menschen sehen, Hühner auch viel „schneller“: Sie können über 100 einzelne Bilder pro Sekunde sehen, während der Mensch nur ca. 20 Bilder pro Sekunde wahrnimmt. Hühner nehmen daher ihre Umgebung, verglichen mit Menschen, viel genauer, fast wie in Zeitlupe wahr und können daher viel mehr Verhaltensweisen und Bewegungen erkennen.

Welchen Einfluss hat das Licht auf unsere Hühner?

Lichtintensität (Helligkeit):

Je heller das Licht, desto aktiver sind die Tiere.
Direktes Sonnenlicht regt zum Sonnenbaden an.
Bei der Futtersuche wird tagsüber direktes Sonnenlicht gemieden.
Zur Eiablage wird ein möglichst dunkler Ort aufgesucht.

Lichtqualität und Farbe:

Bei künstlichem Licht können Hühner wahrscheinlich weniger gut sehen, da bestimmte Farbanteile im Licht fehlen.
Leuchtmittel, die ohne ein elektronisches Vorschaltgerät an unser Stromnetz (50 Hz) angeschlossen sind, flackern für die Tiere und beeinträchtigen die Wahrnehmung.

Tageslichtlänge:

Die Entwicklung der Geschlechtsreife wird von der Tageslichtlänge gesteuert (steigende Tageslichtlänge). Die Mauser wird ebenfalls von der Tageslichtlänge gesteuert (abnehmende Tageslichtlänge).

Dämmerungsphase:

Mit dem ersten Licht am Morgen werden die Hühner aktiv (für uns nicht sichtbares UV-Licht ist früh am Morgen schon vor dem Hellwerden vorhanden).
Bei Beginn der Dämmerungsphase nehmen die Tiere vermehrt Futter auf und suchen dann ihre Ruheplätze für die Nacht.

Rolle der Tageslichtlänge in Aufzucht- und Legephase

Das Sehvermögen von Hühnern kann sich nur voll entwickeln und an natürliche Lichtverhältnisse anpassen, wenn vom ersten Lebenstag an möglichst natürliche Lichtverhältnisse herrschen. Daher ist es wichtig, dass Hühner, die in Tageslichtställen mit Freiauslauf kommen, auch an Tageslicht gewöhnt sind. Optimalerweise werden sie in einem Tageslichtstall mit angegliederten Außenklimabereich aufgezogen oder haben sogar schon die ersten Erfahrungen mit einem Freiauslauf (s. Abb. 92). Werden Junghennen ökologisch aufgezogen ist das in der Regel der Fall (s. Abb. 93). Bei konventionell aufgezogenen Junghennen sind zumindest bei neuen Ställen Fenster- bzw. transparente Lichtbänder vorhanden.

Achten Sie darauf, dass Ihre Hühner ab dem ersten Lebenstag an Tageslicht gewöhnt sind. Das ist wichtig, falls sie später in den Freilauf kommen sollen.

Abb. 92: Junghennen im Außenklimabereich mit Tageslicht (Quelle: Keppler).

Abb. 93: Junghenne beim Sonnenbaden im Außenklimabereich (Quelle: Keppler).

Die Entwicklung der Küken und Junghennen wird in der Aufzuchtphase unabhängig von der Jahreszeit mit der Tageslichtlänge gesteuert. Die meisten Aufzüchter regulieren daher die Tageslichtlänge, indem sie den Tag mit künstlichem Licht verlängern bzw. die Fenster durch dichte Jalousien verdunkeln.

Laut Tierschutz-Nutztierhaltungsverordnung muss eine mindestens 8-stündige Dunkelphase gewährleistet sein.

Das sogenannte Lichtprogramm beginnt ab dem ersten Lebenstag in der Regel mit einer Tageslichtlänge von 16–24 h und wird dann schrittweise bis zur 8. oder 10. Lebenswoche auf 8 bzw. 10 h reduziert. Ab der 17. bzw. 18. Lebenswoche wird die Tageslichtlänge dann zur Stimulation der Legereife wöchentlich erhöht, sodass der Lichttag bis zur 22.–24. Lebenswoche auf mindestens 14 h gesteigert wird. Da der natürliche Lichttag im Sommer etwa 17 h dauert, muss man die Tageslichtlänge hierauf anpassen. Die Tageslichtlänge sollte während der Legeperiode nicht mehr bzw. höchstens langsam auf 16 h verkürzt werden, da laut Tierschutz-Nutztierhaltungsverordnung mindestens 8 h Dunkelphase vorhanden sein muss. Den Tieren wird damit ein lang andauernder Sommer vorgespielt und sie legen auch im Herbst und Winter bei ausreichender Nähstoffversorgung weiterhin Eier.

Lichtmanagement in der Umstallungsphase

Die Umstallung der Tiere sollte etwa zwei Wochen vor Legebeginn in der 17.–18. Lebenswoche erfolgen. Dies soll sicherstellen, dass alle Tiere ausreichend Futter und Wasser aufnehmen, wenn sie mit dem Legen beginnen, sich im Stall orientieren können und schon vor der Ablage des ersten Eies wissen, wo sich die Nester befinden. Das bedeutet, dass der Legehennenhalter das Lichtprogramm fortführen muss, um zu verhindern, dass die Tiere zu früh mit dem Legen beginnen. Sie nehmen dann meist nicht genug Futter auf, um gleichzeitig noch entsprechend wachsen zu können.

Zu Legebeginn sollten Junghennen mindestens das von den Zuchtfirmen angegebene Gewicht aufweisen. Ist das nicht der Fall, und nehmen die Tiere nach Beginn der Legetätigkeit nicht weiter zu, kommt es zu Nährstoffdefiziten. Ein hohes Risiko für Federpicken und Kannibalismus und eine erhöhte Anfälligkeit für Infektionen sind die Folgen.

Was muss man also bei der Umstallung in Bezug auf das Licht beachten?

- Gewichtsentwicklung der Tiere
- Lichtbeginn, Lichtende und Dämmerungsphase
- Jahreszeit
- Verdunklungsmöglichkeiten

Lichteinfluss auf die Gewichtsentwicklung der Tiere

Die Tiere sollten eine Woche vor der Ankunft beim Aufzüchter und bei der Umstallung gewogen werden, um das Lichtprogramm planen zu können. Der Lichttag sollte nur verlängert werden, wenn die Tiere das von den Zuchtfirmen angegebene Gewicht für die 17. bzw. 18. Lebenswoche erreicht haben. Sind sie zu leicht, sollte die Verlängerung des Lichttages erst beginnen, sobald die Tiere das entsprechende Gewicht haben, damit der Legebeginn hinausgezögert wird.

Folgende Punkte sollte man beim Aufzüchter erfragen:

- Alter in Tagen
- mittleres Gewicht (sollte mindestens den altersentsprechenden Angaben der Zuchtfirmen entsprechen)
- Uniformität (gibt die Gleichmäßigkeit der Herde wieder, sollte mindesten bei 80% liegen)

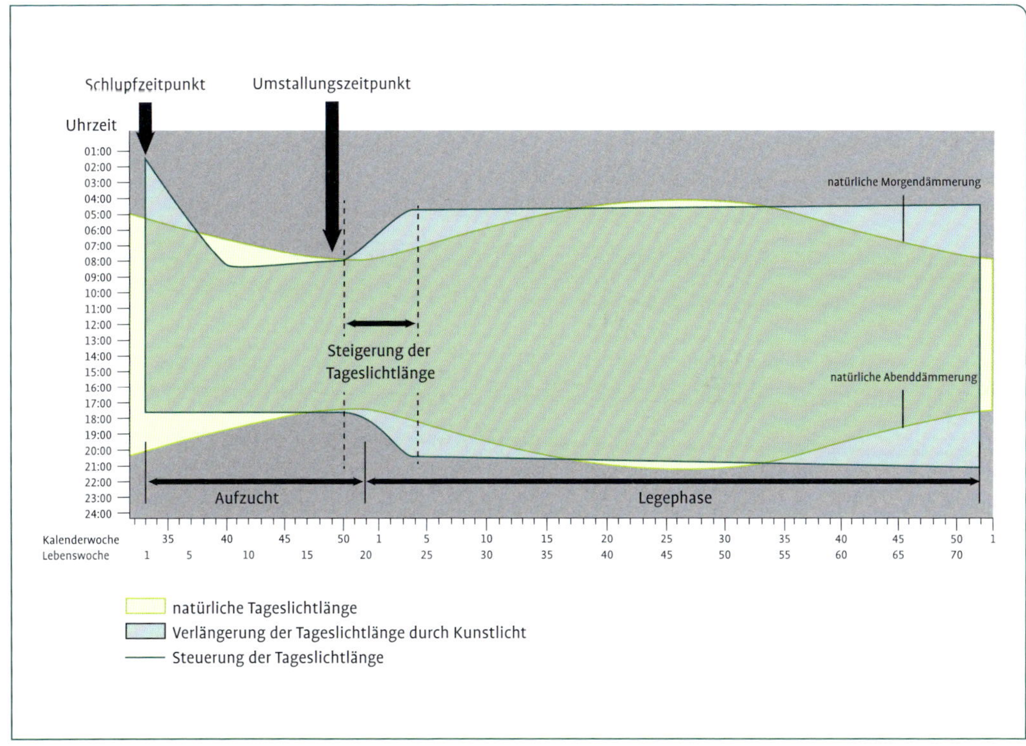

Abb. 94: Konventionelle Aufzucht bei Umstallung im November: Die natürliche Tageslichtlänge ist gering und sollte innerhalb der ersten fünf Wochen nach Umstallung stetig erhöht werden. Ab der sechsten Woche sollte sie auf einem Niveau von 16 Lichtstunden pro Tag bleiben (Quelle: Keppler).

Um zu verhindern, dass Hühner im freien Übernachten, sollte das Licht im Stall immer erst nach dem Eintreten der Dunkelheit ausgehen.

Lichtbeginn, Lichtende und Dämmerungsphase

Junghennen sind aus der Aufzucht gewöhnt, dass zu einer bestimmten Zeit das Licht an- und wieder ausgeht. Vor allem am Abend ist eine Dämmerungsphase wichtig, damit genug Zeit bleibt, um die Ruheplätze für die Nacht zu finden. Das Licht sollte nach und nach ausgehen und die Tiere in den Stall bzw. die Volierenanlagen leiten.

Wichtig: Hühner sind „Gewohnheitstiere". Sie haben einen genau geregelten Tagesablauf. Um die Tiere nicht zu irritieren, sollte man immer die genauen Zeiten aus der Aufzucht übernehmen. Außerdem ist darauf zu achten, dass bei der Umstellung von Winter- auf Sommerzeit nichts verändert wird. Am besten man arbeitet immer nur mit der Winterzeit und beachtet die „innere Uhr" der Tiere.

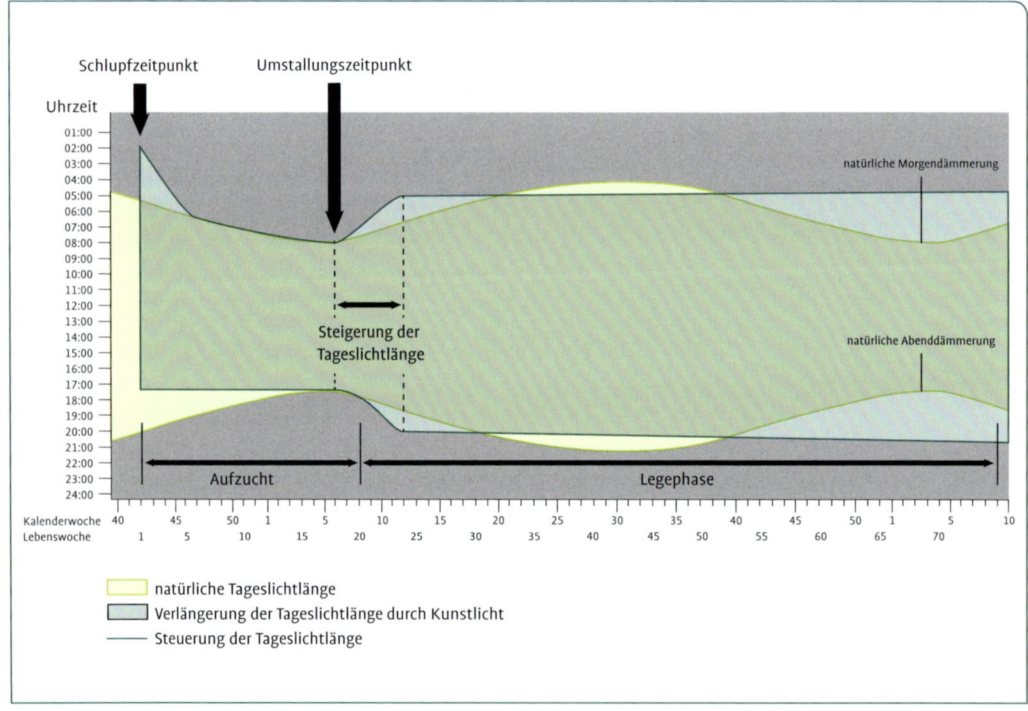

Abb. 95: Beispiel für ein Lichtprogramm bei einer Umstallung im Februar: Zum Umstallungszeitpunkt entspricht die Tageslichtlänge aus der Aufzucht genau der natürliche Tageslichtlänge. Die Tageslichtlänge kann dann durch Zugabe von künstlichem Licht am Morgen und am Abend schrittweise auf 16 Stunden erhöht werden bis sie dem natürlichen Lichttag gleicht. (Quelle: Keppler)

Folgendes sollte man beim Aufzüchter erfragen:

- Welche Lichtquelle und Lichtintensität hat der Aufzuchtstall?
- Hatten die Tiere Kontakt zu Tageslicht im Stall, im Außenklimabereich oder Freiauslauf?
- Welche Lichtzeiten haben die Tiere zum Umstallungszeitpunkt (Lichtanfang, Lichtende, Dämmerungszeiten)?

Jahreszeiten

Optimal ist es, wenn der Aufzüchter die Lichtzeiten so steuert, dass das Licht zur natürlichen Abenddämmerung ausgeht. Der Lichtbeginn errechnet sich dann entsprechend nach „vorne". Viele Aufzüchter beenden den Lichttag jedoch wegen der Arbeitszeiten der Mitarbeiter um etwa 17 Uhr. Im Winter ist das kein Problem, da die natürliche Abenddämmerung etwa zur gleichen Zeit stattfindet (s. Abb. 94, 95).

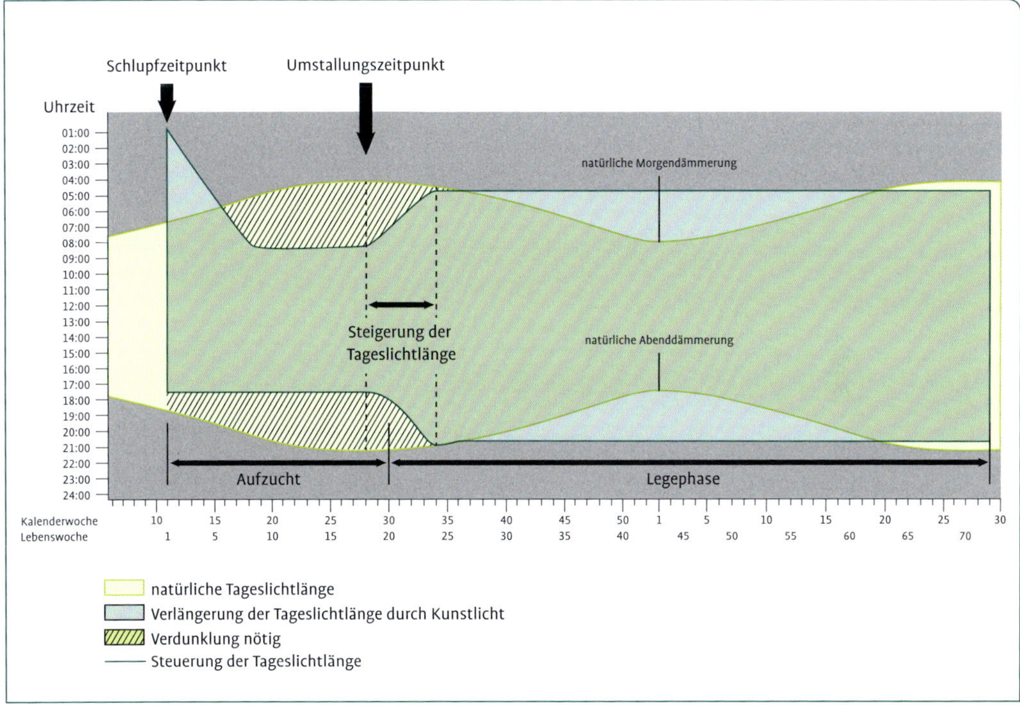

Abb. 96: Beispiel für ein konventionelles Lichtprogramm bei einer Umstallung im Juni: Mit der 17. Lebenswoche ist die Tageslichtlänge aus der Aufzucht nur halb so lang, wie die natürliche Tageslichtlänge und die Tier sind es gewöhnt, dass das um 17.00 Uhr die Dunkelphase beginnt. Die Die Tageslichtlänge sollte morgens und abends durch Verdunkeln des Stalles reduziert werden, damit die Tiere keinen „Jetlag" haben und nicht zu früh anfangen zu legen. Leichter ist es, wenn die Tiere erst in der 18. bis 19. Lebenswoche aus der Aufzucht umgestallt werden (Quelle: Keppler)

Im Sommer führt das dazu, dass die Tiere entweder von einem Tag auf den anderen 4–5 h Licht dazubekommen, oder dass die Tageslichtlänge am Abend verkürzt und die Tiere frühzeitig in den Stall getrieben werden müssen (s. Abb. 96).

Daher ist es für Freilandställe einfacher, im Sommer den Lichttag nach der Abenddämmerung auszurichten und das Licht dann nach „vorne" zuzugeben. Verdunklungsmöglichkeiten können dann abends angebracht werden und tagsüber zu „Lichtbeginn" entfernt werden (s. Abb. 97).

Ist eine Sommer-Einstallung nötig, sollten die Tiere auf jeden Fall etwas später eingestallt werden (frühestens 18. Lebenswoche). Man sollte darauf achten, dass die Junghennen

- ein sehr gutes Gewicht haben,
- schnell ans Fressen kommen und
- viel Futter aufnehmen können (durch Nassfütterung unterstützen).

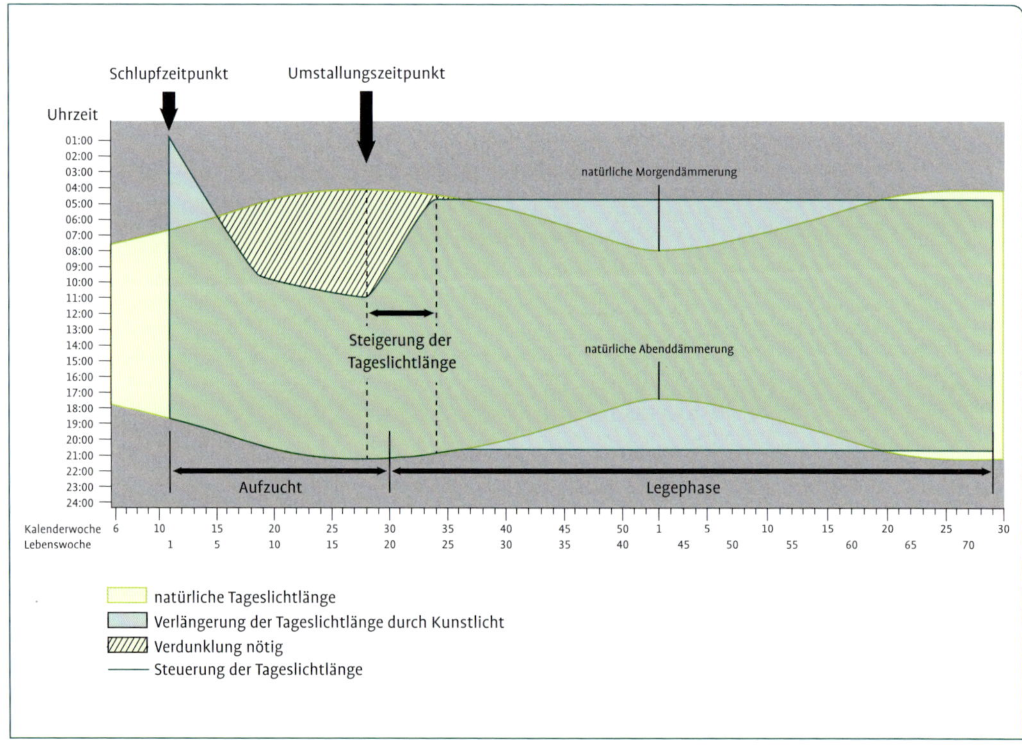

Abb. 97: Beispiel für ein angepasstes Lichtprogramm bei einer Umstallung im Juni: Mit der 17. Lebenswoche ist die Tageslichtlänge aus der Aufzucht nur halb so lang, wie die natürliche Tageslichtlänge. Die Lichtzeiten wurden hier der natürlichen Abenddämmerung angepasst. Die Tageslichtlänge kann daher durch Verdunkeln des Stalles am Vormittag reduziert werden, damit die Tiere nicht zu früh anfangen zu legen. Leichter ist es, wenn die Tiere erst in der 18. bis 19. Lebenswoche aus der Aufzucht umgestallt werden (Quelle: Keppler)

Abb. 98: Einfache Verdunklungsmöglichkeit durch eine Doppeltür am 225er Hühnermobil der Firma Weiland (nachträglich angebaut). Das Lichtband kann man abkleben, es muss jedoch für Lüftungszwecke zu öffnen sein. Eine vollständige Abdunkelung ist hier nicht möglich, aber der Stall kann deutlich dunkler gehalten werden. Dies ist jedoch nur wirksam, wenn die Tiere aus einer hellen Aufzucht kommen. (Quelle: Garrelfs).

Verdunklungsmöglichkeiten

Bei vielen Mobilställen ist das Anbringen und Entfernen von Verdunklungsmöglichkeiten nur eingeschränkt möglich. Um für die Hühner ein funktionierendes Lichtprogramm zu ermöglichen, muss der Stall jedoch relativ dunkel sein (möglichst unter 1 Lux) (s. Abb. 98).

Optimalerweise sollten die Tiere daher im Winter von Anfang November bis spätestens Ende März eingestallt werden.

Fütterungsregime und Fütterungszeiten

In kleinen, mobilen Legehennenbeständen ist meist eine **Trogfütterung** üblich, bei der den Tieren den ganzen Tag ununterbrochen Futter zur Verfügung steht. Da meist einmal am Tag von Hand nachgefüllt wird, sollte man die nachgefüllte Futtermenge so wählen, dass sie bis zum nächsten Tag komplett aufgefressen ist. So kann vermieden werden, dass sich Feinanteile (die oftmals die beigemischten Spurenelemente, Vitamine und Aminosäuren enthalten) unten im Trog stauen und nicht aufgenommen werden. Auch wenn dies nicht an jedem Tag gelingt, mindestens einmal pro Woche sollte der Trog ganz leer gefressen werden. So lässt sich verhindern, dass Futter überaltert und verdirbt. (König 2017)

Achten Sie bei einer Trogfütterung darauf, dass die Tiere den Trog mindestens einmal pro Woche leerfressen. So können Sie verhindern, dass das Futter schlecht wird.

Dort wo die Möglichkeit einer automatischen Futtermittelzufuhr durch eine **Futterkette** besteht, sollte man zu festen Futterzeiten füttern und dabei beachten, dass die Fütterung morgens nicht in Konkurrenz zur Eiablage tritt. Eine genügend große Fütterung direkt nach Angehen des Lichtes ist dabei besonders wichtig. Nach dieser Fütterung werden die Hennen die Nester aufsuchen, sodass weitere Fütterungen in dieser Zeit sie vom Nest weglocken können. Gleichzeitig muss man darauf achten, dass auch die rangniederen Hennen (die zuletzt fressen) genügend Futter bekommen. Grundsätzlich gilt für Hennen mit Zugang zu einem Auslauf, dass der überwiegende Teil des Futters morgens aufgenommen werden soll. Dabei muss man bestandsspezifisch entscheiden, wie die Fütterungszeiten am Morgen auszulegen sind. (König 2017)

Blockfütterung bei Futterkettenausstattung

Bei Mobilställen mit Futterkettenausstattung wäre eine Blockfütterung möglich. Dies bedeutet, dass die Futterkette morgens zweimal kurz hintereinander (Abstand 20–30 Min.) läuft. So haben auch rangniedere Hennen die Möglichkeit, sich satt zu fressen und körperlich aufzuholen.

Tierverhalten, Legeleistung und der Anteil an verlegten Eiern sind dabei wichtige Beobachtungsgrößen. Im weiteren Tagesverlauf erfolgt für 6–7 h keine weitere Fütterung. Die Hennen können während dieses Zeitraumes Grünfutter, Möhren, Raufutter o. ä. im Auslauf aufnehmen. Am Nachmittag sollten die Hennen dann erneut eine größere Menge Futter aufnehmen. Eine letzte Fütterung sollte eine dreiviertel Stunde vor der Nachtruhe erfolgen, sodass die Hennen zur Nacht noch einmal Futter aufnehmen können. (König 2017)

Eischalenbildung optimieren

Die Nachmittag- und Abendstunden sind eine gute Zeit für einen letzten Kontrollgang durch den Stall. Füttert man zu dieser Zeit von Hand groben Futterkalk oder Austernschalen zu, steht das darin enthaltene Kalzium der Henne genau dann im Blut zur Verfügung, wenn sie die Eischale bildet. Dies ist unbedingt zu empfehlen, da dies die Knochen der Hennen vor Entkalkung bewahrt und somit besonders tiergerecht und tierschonend wirkt (s. Abb. 99, 100). (König 2017)

Legehennen-Alleinfuttermittel ist in der Regel bedarfsdeckend ausgelegt. Eine ergänzende Kalziumfütterung ist meist erst ab der 45. Lebenswoche nötig. Ab diesem Zeitpunkt regenerieren sich die Kalziumspeicher der Hennen nicht mehr vollständig.

Abb. 99: Futterkalkfütterung zum Optimieren der Eierschalenbildung (Quelle: van der Linde).

Abb. 100: Muschelschalenfütterung hilft ebenfalls dabei, die Eierschalenbildung zu optimieren. Idealerweise sollten die Muschelschalen den Tieren nachmittags zur Verfügung stehen. (Quelle: van der Linde).

Ab der 45. Lebenswoche regenerieren sich die Kalziumspeicher der Hennen nicht mehr vollständig. Um die Knochengesundheit und Eischalenqualität zu erhalten, sollten Sie ab diesem Zeitpunkt Kalzium zufüttern.

Unterstützt man die Henne dann regelmäßig, hat dies einen großen Einfluss auf die Knochengesundheit und die Eischalenqualität ab der 65. Lebenswoche. (König 2017)

Fressfläche

In einigen Mobilställen finden sich in den als Fressfläche deklarierten Futterbehältnissen anstelle von Legehennenfutter Zusatzfuttermittel wie z. B. Muschelkalk. Von dieser Praxis ist abzuraten. Die Größe der benötigten Fressfläche je Henne ist nicht ohne Grund gesetzlich verankert (s. Abb. 101).

Abb. 101: Eine Verringerung der gesetzlichen Fressfläche ist auf jeden Fall zu vermeiden, denn sie dient der Aufnahme des Grundfutters (Quelle: van der Linde).

Abb. 102: Inakzeptabel: Futterverluste in der Kotgrube (Quelle: van der Linde).

Wird die reguläre Fressfläche durch Einbringen anderer Komponenten verringert, vermindert sich die Aufnahme des Grundfutters (s. Abb. 101). Rangniedere, schwächere Tiere werden abgedrängt und geraten körperlich immer mehr in ein Defizit. Diese sogenannten „underdogs“ entwickeln oft unerwünschte Verhaltensweisen wie Federpicken, Kannibalismus, Eierfraß. Außerdem legen solche Tiere in der Regel kaum Eier. (König 2017)

Tränktechnik und Tränkhygiene

Wasser ist das wichtigste Futtermittel, 88 % des Eiklars besteht aus Wasser. Tränkwasser muss den Hennen daher in hygienisch einwandfreier Form zur Verfügung stehen. Bezogen auf die täglich aufgenommene Futtermenge verbrauchen Legehennen in etwa das 1,8- bis 2-fache an Wasser, bei Hitze entsprechend mehr.

Auch in Systemen ohne Wasseruhr sollte der Mobilhalter eine Möglichkeit finden, den Wasserverbrauch täglich zu bestimmen und aufzuzeichnen.

In den Wirtschaftsgeflügelhaltungen häufen sich Untersuchungsergebnisse, die zeigen, wie wichtig eine sorgfältige Tränkhygiene ist. Diese hat einen erheblichen Einfluss auf die Darmgesundheit der Tiere und der Wirtschaftlichkeit von Geflügelhaltungen. Auch Mobilhalter sollten sich Gedanken über die regelmäßig zu praktizierende Reinigung ihres Tränksystems machen und technische Lösungen ausarbeiten.

Die Tränkung in den Mobilsystemen erfolgt in der Regel über Nippel- oder Rundtränken. Beide Tränksysteme sind für die **Besiedlung mit Biofilmen** anfällig – genauso wie die zuleitenden Rohre, Schläuche und bei Mobilställen auch der Vorratstank. Biofilme bilden sich überall dort, wo Wasser für längere Zeit gehalten wird, es warm ist und ggf. auch noch zu Nährstoffeinträgen kommt (z. B. via Futterrückständen über die Tränkenippel) (s. Abb. 103). (König 2017)

Wer denkt, dass sich eine Verkeimung nicht rückwärts gegen den Wasserstrom entwickeln kann, der irrt: Biofilme wachsen vom Nippel aufwärts in die Leitungen und verbreiten sich von dort weiter. In den aufrechten Kontrollschläuchen am Ende eines Nippelstranges sind besonders hohe Keimkonzentrationen zu finden. (Kai Aumann, Hygienespezialist 2017, aumann hygienetechnik, Vechta)

Insbesondere im Sommer ist die Gefahr durch Erwärmung groß, wenn im Vorratstank Wasser für mehrere Tage vorgehalten und/oder über lange Schlauchleitungen zum Mobilstall geleitet wird. Eine direkte Befüllung des Vorratstanks in den frühen Morgenstunden mit kaltem Wasser in einer Menge, die schnell verbraucht wird, ist ein Weg dieses Problem abzumildern. (König 2017)

Abb. 103: Keime, die von den Schnäbeln der Hühner in die Tränke eingeschleppt werden, lagern sich dort an und können dann von den Nippeln in die Leitungen aufsteigen (Quelle: van der Linde).

Der von Mikroorganismen gebildete Biofilm kann schädliche Bakterien beherbergen, das Tränkwasser kontinuierlich damit verunreinigen und so die Gesundheit des Magen-Darm-Traktes nachhaltig schädigen. Um die Gefahr von Biofilmbesiedlung zu reduzieren, sollten Sie im Sommer früh morgens eine bestimmte Menge von kaltem Wasser in die Vorratstanks füllen. Dadurch wird es schneller verbraucht und steht nicht lange im Tank.

Folgen von mangelnder Tränkhygiene: Die Ökonomie nimmt Schaden durch eine Verschlechterung von Legeleistung, Eigröße, Eischale und Futterverwertung. Eine mechanische Reinigung der wasserführenden Installationen ist während des Betriebes kaum möglich, lediglich die Rinnen der Rundtränken sind gut erreichbar und sollten täglich gereinigt werden. In den wasserführenden Systemen muss man mit für die Tierhaltung zugelassenen **Trinkwasserdesinfektionsmitteln** bzw. zugelassenen organischen Säuren arbeiten. (König 2017)

Bei der Verwendung von Säuren sollte der Halter von seinem Stallhersteller die Information einholen, welche Mittel er einsetzen kann, ohne dass die Tränktechnik Schaden nimmt.

Für die ökologische Hühnerhaltung ist zudem eine **FiBL-Listung** nötig (Betriebsmittelliste). Technische Lösungen, wie z. B. Red/Ox-Anlagen, die das Wasser auf ein bestimmtes elektrochemisches Potenzial einstellen, arbeiten sehr effektiv, sind aber auch sehr kostenintensiv. (König 2017)

Tränkwasserzusätze sollten die Eigenschaft besitzen, Wasser effektiv zu hygienisieren und Biofilm zu verhindern bzw. abzubauen. Für die **Hy-**

gienisierung des Wassers eignen sich z. B. organische Säuren (Essigsäure, Zitronensäure). Sie sind aber nicht in der Lage, einen bestehenden Biofilm abzubauen. Dazu muss der Tränkwasserzusatz eine oxidative Funktion haben (z. B. Hypochlorit, Wasserstoffperoxid). (König 2017)

„Ein allgemein großes Problem in der Tränksystemdesinfektion ist, dass sich in vielen der verwendeten Leitungsschläuche inwendig Weichmacher lösen. Eine so porös gewordene Schlauchinnenwand bietet Keimen gute Schlupfwinkel, sie werden kaum noch von Desinfektionsmaßnahmen erreicht. Die Lösung strömt dann einfach an ihnen vorüber." (Kai Aumann, Hygienespezialist 2017, aumann hygienetechnik, Vechta)

Des Weiteren sind die Konzentrationsvorgaben genau einzuhalten und ggf. der pH-Wert zu überprüfen. Insbesondere bei organischen Säuren besteht das Risiko der Unterdosierung. Ist ihre Konzentration zu gering, fördern sie das Wachstum von Biofilmen, anstatt das Wasser zu hygienisieren. Das heißt, hier müssen die Einsatzempfehlungen genau beachtet werden. (König 2017)

Eine kurze Internetrecherche wird erbringen, dass z. B. der Landhandel, Tierärzte oder auch die Genossenschaften eine breite Palette an Produkten für die Wasserhygienisierung anbieten, die gleichzeitig auch den Biofilm abbauen können. Neben der Effektivität sollte auch die leichte Anwendbarkeit und Dosierbarkeit bei der Kaufentscheidung des Mittels eine Rolle spielen. Wichtig ist, dass man sich der Problematik Tränkwasserqualität annimmt, eine Lösung findet und kontinuierlich daran arbeitet. Die Beeinträchtigung der Tiere durch eine schlechte Tränkwasserqualität ist oftmals schleichend und erst, wenn die leistungsdämpfende Wirkung ein ökonomisch nicht tragbares Maß erreicht hat, wird nach Ursachen gesucht. (König 2017)

Achtung: Impfstoffe, verabreicht über das Tränkwasser, werden durch Wasserhygienisierungsmaßnahmen inaktiviert, sodass die Tränksysteme bei Impfstoffgabe frei von hygienisierenden Wirkstoffen sein müssen. Nach der Verabreichung von Impfstoffen, Vitaminen oder Medikamenten entsteht oftmals ein für die Biofilmbildung günstiges Milieu. Nährboden sind entweder die Wirkstoffe selbst oder deren Trägersubstanzen. D. h., ist über das Tränksystem ein Medikament oder ein Ergänzungsfuttermittel an das Huhn gebracht worden, sind nach Beendigung der Zudosierung sofort biofilmbekämpfende Maßnahmen einzuleiten. (König 2017)

Impfstoffe werden durch Wasserhygienisierung inaktiviert.

Nicht unerwähnt bleiben dürfen die „**Effektiven Mikroorganismen**" (EM) die z. T. auch über die Tränke verabreicht werden. Sie werden in Konkurrenz zu den schädlichen Bakterien gesetzt und haben eine positive physiologische Wirkung im Tier. Wie effektiv dieser Ansatz sein kann, muss im Einzelfall erprobt werden. (König 2017)

Was tun bei Hitzestress?

Hühner besitzen keine Schweißdrüsen und können sich bei großer Hitze nicht durch Schwitzen abkühlen. Ihr Körper verdunstet über die Atmung etwa 100 ml Wasser täglich, diese dabei entstehende Verdunstungskälte trägt zur Abkühlung des Körpers bei. (König 2017)

Stehen Tiere an hochsommerlichen Tagen mit abgespreizten Flügeldecken und offenem Schnabel hechelnd im Stall, ist dies ein eindeutiger Hinweis für starken Hitzestress (s. Abb. 104, 105). Dieser Umstand bedeutet für das Huhn aufgrund seiner körperlichen Besonderheiten eine akut lebensbedrohliche Situation. Auf diese Weise können auch gesunde Tiere durch Kreislauf- oder Organversagen verenden. Hier muss der Mobilhalter Achtsamkeit walten lassen. Die sonst üblichen zwei Kontrollgänge am Tag sollten bei hochsommerlichen Temperaturen auf jeden Fall verdoppelt werden. Ein Blick von der Eingangstür in den Stall reicht, um zu sehen, wie der Stand der Dinge ist. Jeglicher Stress für die Tiere ist zu minimieren. Dass ein Mobilstall in einer solchen Phase in der Mittagszeit am besten im Schattenwurf eines Baumes oder Waldrandes aufgehoben ist, versteht sich von selbst. (König 2017)

Unterstützen Sie Ihre Hennen bei heißem Wetter: Verabreichen Sie über die Tränke elektrolythaltige Zusatzfuttermittel. Diese enthalten oft Vitamin C, das man in Absprache mit dem Tierarzt auch in einer Dosierung von 500 g pro 1000 l Wasser direkt verabreichen kann.

Abb. 104: Hennen im Hitzestress hecheln mit geöffnetem Schnabel (Quelle: van der Linde).

Abb. 105: Durch das Abspreizen der Flügel versuchen die Hennen, den Hitzestress zu reduzieren (Quelle: van der Linde).

Beschäftigung

Lassen Sie keine Langeweile aufkommen!

Hühner führen aus ihrem natürlichen Verhaltensrepertoire heraus zwischen 10 000–15 000 Pickschläge (Untersuchungen Dr. C. Keppler) pro Tag aus, wie Untersuchungen der Autorin zeigten. Die Pickschläge dienen hauptsächlich ihrem Futtersuch- und -aufnahmeverhalten, zu einem geringen Teil auch dem Erkundungsverhalten der Umgebung. Die Nutztiere erhalten heutzutage ihr Futter zwar zur freien Verfügung. Die Verhaltensweise des ständigen Futtersuchens war jedoch elementar wichtig für das Überleben der Wildform, weshalb das Pickverhalten auch immer noch fest im genetischen Programm der modernen Hühner verankert ist. Heute über die Fütterung rasch gesättigt, sucht sich das Huhn auf andere Weise Beschäftigung. Aus diesem Grund ist es wichtig, ihm eine breite Palette von manipulierbaren Stoffen anzubieten.

Da Hühner heutzutage nicht mehr den größten Teil des Tages mit der Futtersuche verbringen müssen, weil sie dieses im Stall zur Verfügung haben, brauchen sie Beschäftigung. Denn Langeweile und Frust fördern unerwünschte Verhaltensweisen.

Stress in Form von z. B. plötzlich veränderten Tagesabläufen, einer wochen- oder monatelangen Stallpflicht im Zusammenhang mit Seuchenzügen oder einer E.-coli-Erkrankung können in der Herde Frust auslösen und so zu unerwünschtem Verhalten führen. Daher muss der Halter wachsam sein, um erste Anzeichen für Federpicken oder Kannibalismus in seiner Hühnerherde zu erkennen.

Warnzeichen: fehlende Federn

In fast allen Fällen fallen erste, fehlende Federn im Bereich der Bürzeldrüse auf. Bei Braunlegern sind kahle Stellen besonders gut zu erkennen, denn bereits ein heller Gefiederfleck deutet auf die erste, fehlende Feder hin. Auch fehlende Federn in der Einstreu sind ein Warnzeichen: wo nichts liegt, wurden sie gefressen.

Beschäftigungsmaterial

Einstreu

Beschäftigungsmaterial Nummer Eins ist die Einstreu. Sie sollte eine gute Struktur aufweisen und nicht ausschließlich aus getrocknetem, pulverisiertem Kot bestehen. Sehr gut eignet sich Weizenstroh, da der Halm schnell bricht. Die Hennen nehmen neben der Beschäftigung auch sehr viel Stroh auf, die Rohfaser stabilisiert ihre Darmflora.

Picksteine

Sie dienen ebenfalls der Beschäftigung (s. Abb. 106). Darüber hinaus arbeiten sich die Hennen ihre messerscharfe Schnabelspitze daran rund. Die Picksteine gibt es in verschiedenen Härtegraden: Bei Hennen,

Abb. 106: Hühner brauchen Beschäftigung. Sie zeigen großes Interesse an Picksteinen (Quelle: van der Linde).

die Picksteine nicht kennen, sollte man mit einem weicheren Pickstein anfangen. Bei zu hartem Material hat die Henne kein Erfolgserlebnis und verliert das Interesse.

Körbe mit verschiedenem Inhalt

Als weitere Beschäftigung können Körbe in Kopfhöhe dienen, die mit unterschiedlichem Material oder Futter bestückt sind:

- Wiesengras und Kräuter
- Futtermöhren
- Rote Bete
- Zuckerrüben (in Maßen)
- gepresste Luzerne
- Strohballen

Sandbäder

Sand- oder Staubbaden gehört zu den elementaren Grundbedürfnissen von Hühnern (s. Abb. 107). Das Staubbaden dient nicht nur der Körperpflege, sondern trägt zur Ausgeglichenheit der Tiere bei, indem sie ihr natürliches Verhalten ausleben können.

Als Sandbad innerhalb des Stalles kann auch ein einfacher Eimer oder eine Wanne gefüllt mit feinem Sand oder Gesteinsmehl dienen.

Zur Minimierung der Staubbelastung im Stall werden die Staubbäder gern im Scharrbereich platziert.

Technik

In diesem Kapitel finden sich nützliche Anregungen, die auf den eigenen praktischen Erfahrungen der Autoren beruhen.

Abb. 107: In Freilandhaltung und bei trockner Witterung findet Sandbaden oft in Gruppen statt, mehrere Hennen liegen beieinander und hudern sich den Sand zwischen die Federn (Quelle: van der Linde).

Wasservorrat

Was oft von Neueinsteigern unterschätzt wird, ist die Bedeutung des Tränkwassers für Legehennen. Die kontinuierliche Wasserversorgung ist von elementarer Bedeutung für die Eierproduktion der Tiere und die Ökonomie der Herde.

Bereits wenige Stunden Trinkwasserentzug – z. B. durch eine verstopfte Leitung oder einen nicht rechtzeitig nachgefüllten Vorratsbehälter im Mobilstall – kann zu drastischem Legerückgang bis hin zum völligen Einstellen der Legetätigkeit führen!

Das Zurückschrauben oder gar Einstellen der Eierproduktion hat für das Huhn Überlebenshintergründe (s. Abb. 108). Zur Eiproduktion wird Wasser benötigt, das im Körper nur bedingt umverteilt werden kann. Ein Weiterlegen würde bei Wassermangel schnell zum Tod führen. Nach Einstellen der Legetätigkeit werfen die Hennen im Anschluss größere Mengen Federn ab und geraten in Teil- oder Vollmauser. Bei autark betriebenen Mobilställen muss man immer ein aufmerksames Auge auf den Wasserstand im Vorratsbehälter haben, um rechtzeitig nachzufüllen.

Futterverluste

Futter hat den höchsten Kostenanteil in der ökonomischen Bewertung. Deshalb sollte man keine durch Technik verursachten Futterverluste hinnehmen, und bei Bedarf zusammen mit dem Stallbauunternehmen an akzeptablen Lösungen arbeiten. Im Abstellen von Fehlerquellen macht sich die Höhe des wirtschaftlichen Erfolges einer Hühnerhaltung fest.

Bei manueller Fütterung ist darauf zu achten, dass die Füllhöhe des Futters im Behälter keinesfalls höher als 50 % ist. Hennen fressen selektiv und vergeuden zu viel Futter, wenn der Trog zu hoch befüllt ist.

Abb. 108: Super-GAU für den Direktvermarkter: Legehennen in Mauser legen nicht, es sind dann einige Wochen keine Eier zu erwarten (Quelle: van der Linde).

Abb. 109: Ein Stall mit vielen Tieren benötigt eine automatische Lüftung, weil ein höherer Luftumsatz gewährleistet sein muss (Quelle: ROWA).

Lüftung

Mobilställe werden sowohl mit als auch ohne automatische Lüftung angeboten. Eine Rolle spielt dabei natürlich der Tierbesatz innerhalb eines fahrbaren Stalles (s. Abb. 109). Ein kleiner Stall mit wenigen Tieren ist mitunter gut über geöffnete Fenster- und Lufteinlässe zu handhaben.

Nester mit Einstreumaterial

Ist der Unterboden eines Einstreunestes nicht luftdurchlässig, kann es z. B. bei ausgelaufenen Eiern oder Verkotung im Nest zu Geruchs- und Geschmacksbeeinträchtigungen des Eies kommen. Durch den normalen Gasaustausch über die Poren in der Eischale nimmt das Ei Gerüche der unmittelbaren Umgebung auf. Liegt es in einer muffigen Einstreu, kann sich das negativ auf den Geschmack auswirken. Die Folge: Kundenreklamationen.

Die geschmackliche Beeinträchtigung des Eies durch Umgebungsgerüche darf man nicht unterschätzen: Wird ein Ei im Kühlschrank neben stark riechendem Käse gelagert, wird das Ei nach Käse schmecken.

Ermöglicht der Nestboden im Einstreunest keine Luftzirkulation, sollte der Hühnerhalter ab und zu an der Einstreu riechen, um sie ggf. auszutauschen und so die Qualität der Eier zu erhalten.

Ist kein Nestaustrieb vorhanden, sollte man vor allem in der Anfangsphase während der Nachtruhe mit einer Taschenlampe kontrollieren, wo die Hühner schlafen. Weiße Hennen neigen dazu, in Nestern zu schlafen und diese während der Nachtruhe vollzukoten. Mitunter sitzen ruhende Hennen auch auf der Nestkante mit Blickrichtung zum Stall und koten dann ebenfalls rückwärts ins Nest. In beiden Fällen muss man die Hennen per Hand auf die regulären Sitzstangen umsetzen.

Überprüfen Sie vor allem in der Anfangsphase, dass die Hühner in der Nacht auf den regulären Sitzstangen schlafen, damit sie nicht die Nester vollkoten. Setzen Sie die Hennen nötigenfalls um.

Krankenabteile

Idealerweise sind ausreichend dimensionierte Krankenboxen innerhalb des Mobilstalles platziert. Auf diese Weise bleiben die Tiere in Sichtweite der Herde und eine Rückführung ist nach Heilung besser durchführbar. Entfernt man die kranke oder verletzte Henne hingegen vollständig aus dem Stall und setzt sie nach einiger Zeit wieder dazu, ist sie in der Regel erneut Mobbingopfer (s. Abb. 110). Zurück geführte Tiere sollte man mit einem Fußring kennzeichnen. Werden sie erneut Opfer, ist der Weg in die Hühnersuppe manchmal der barmherzigere Akt.

Kranke Tiere sollten nicht vollständig von den anderen Hühnern getrennt werden, sondern weiterhin Sichtkontakt zueinander haben. Probleme bei der Rückführung lassen sich so meist vermeiden.

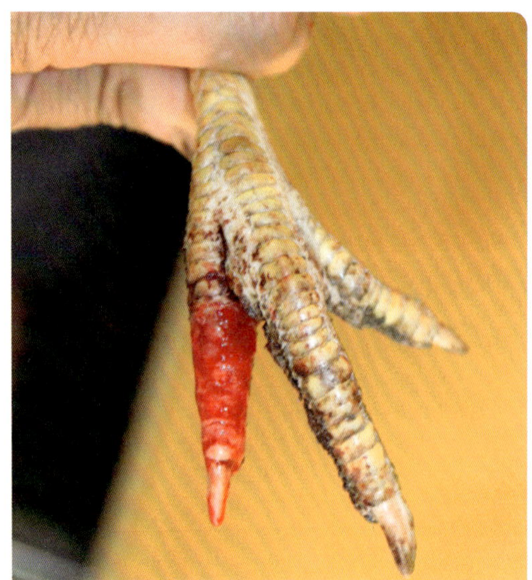

Abb. 110: Jeder Mobilstallhalter muss eine Lösung für die Unterbringung von kranken oder verletzten Tieren parat haben. Er sollte sich nicht erst dann Gedanken darübermachen, wenn er z. B. eine Henne mit Zehenkannibalismus findet (Quelle: van der Linde).

Abb. 111: Milbenfalle zum Selberbauen: Man benötigt gewellte Pappe ein kurzes Rohr und Kabelbinder, um die Falle z. B. unter den Sitzstangen zu befestigen (Quelle: van der Linde).

Abb. 112: Die locker gerollte Pappe in einem Rohr dient als Rückzugsort für Milben und lockt sie an. Die Pappe muss so weit in die Röhren geschoben werden, dass die Hennen sie mit ihrem Schnabel nicht erreichen und herausziehen können (Quelle: van der Linde).

Was tun gegen die Rote Vogelmilbe?

Die Rote Vogelmilbe stellt in der Praxis das größte Problem unter den Ektoparasiten (ekto = außen) dar. Sie saugt Blut, überträgt Krankheiten und erzeugt Juckreiz bei den Hennen. In warmen Jahreszeiten (ab 20 °C) vermehrt sich die Milbe rasend schnell. Binnen kürzester Zeit können sich riesige Populationen entwickeln, die nachts ihre Verstecke verlassen und in der Dunkelheit über die schlafenden Hennen herfallen. Starker Befall kann mit dem Tod geschwächter Hühner enden. (König 2017)

Das erste Mittel der Bekämpfung sind aktive Kontrollmaßnahmen. Um Milben gezielt und auch relativ früh aufzuspüren, kann man unter den Sitzstangen sehr einfach zu erstellende Milbenfallen anbringen. Sie bestehen aus einem Rohr, welches mit locker gerollter Pappe gefüllt wird und so einen idealen Rückzugsort für die lichtscheuen Milben sind (s. Abb. 111, 112, 113). (König 2017)

Was tun gegen Schadnager?

Eine Faustregel besagt: Wo eine einzelne Ratte gesichtet wird, ist mit einer Gesamtpopulation von 50 bis 100 Individuen zu rechnen. Gleichzeitig ist von einer sehr hohen Reproduktionsrate auszugehen. Ratten bekommen bis zu 7-mal pro Jahr Junge. Mäuse stehen ihnen in diesem Punkt nichts nach. (König 2017)

Abb. 113: Hochgradiger Milbenbefall. Kontrolliert man die Pappe regelmäßig, kann man auch einen geringgradigen Milbenbefall leicht entdecken (Quelle: van der Linde).

Auch wenn für einen Mobilhalter unter 350 Legehennen die Maßgaben der Geflügel-Salmonellen-Verordnung (GflSalmoV) in Verbindung mit der Verordnung (EG) Nr. 2160/2003 des europäischen Parlaments und des Rates vom 17. November 2003 zur Bekämpfung von Salmonellen und bestimmten anderen durch Lebensmittel übertragbaren Zoonoseerregern nicht gelten, **ist er zu jeder Zeit Lebensmittelproduzent** und sollte sich seiner Verantwortung seinen Kunden gegenüber bewusst sein.

Berücksichtigt man außerdem, dass diese Schadnager als eine der Haupteintragsquellen für Salmonellen gelten, so ist leicht einsehbar, dass man sie unter Kontrolle halten muss. So sollten möglichst wenige Schlupfwinkel im, am und direkt um den Stall existieren. Das Risiko einer Salmonelleneinschleppung und das damit verbundene Vermarktungsverbot für die Eier ist viel zu groß! (König 2017)

Arbeitsvorgänge im Mobilstall

Arbeitsvorgänge im Mobilstall (Quelle: Tobias Greve)

Morgens:
- verlegte Eier sammeln
- Futter, Wasser, Technik kontrollieren
- Wege zum Stall und zurück
- Notstromaggregat tanken + starten (modellabhängig)

Nachmittags:
- verlegte Eier sammeln
- Eier sammeln
- Körnergabe
- Futter, Wasser, Technik kontrollieren
- Zaunkontrolle
- kranke Tiere versorgen
- Wege zum Stall und zurück

Wöchentliche Arbeiten:
- Stall versetzen
- Strukturelemente im Auslauf versetzen
- Ausmisten und Kot wegbringen
- Futter einfüllen
- Wasser einfüllen
- Nachstreuen
- Auslaufkontrolle + kleine Reparaturen
- Benzin holen für Notstromaggregat (modellabhängig)

Sporadische Arbeiten:
- Grasnarbe erneuern/mähen
- Austernschalen nachfüllen
- Raufuttergabe (Bio?)
- Scharrräume ausmisten
- Ein- und Ausstallungen
- Reinigen und Desinfizieren

Astronomische Uhr

Viele der Mobilstallhersteller bieten das „Rundum-Sorglos-Paket“ über ihren Klimacomputer an. Dies ist sicher eine Arbeitserleichterung für den Landwirt, vor allem, wenn er mehrere Mobilställe betreibt. In den meisten Stallcomputern (z. B. Siemens Logo Steuerungsmodul) wird die Technik über eine astronomische Uhr bedient. Diese Uhr ist für den Menschen im Hinblick auf die Zeitumstellung im Frühjahr und Herbst entwickelt worden. Über den natürlichen Biorhythmus der Legehennen haben sich die Programmierer der Software für diese Systeme weniger Gedanken gemacht.

Wird die Zeit im Frühjahr oder Herbst umgestellt, werden alle technischen Funktionen angepasst. Hier muss man auf die Klappenschließung in den ersten Tagen nach der Umstellung besonders achten, damit keine Nachzügler draußen bleiben. In der Regel fallen diese nachts Beutegreifern zum Opfer.

Auch die Tiere bemerken die Zeitumstellung in Form von plötzlich verändertem Management.

Viele Mobilstallhalter wissen davon zu berichten: Sie kommen morgens zu ihrem Stall und vor den Klappen im Auslauf liegen 3–15 tote Hühner. Diese Nachzügler waren abends die letzten, die von der Weide in den Stall einkehren wollten. Sie standen zur gewohnten Zeit plötzlich vor geschlossenen Klappen und mussten sich notgedrungen dort zur Nachtruhe niederlassen. In der Nacht bekamen sie dann Besuch von Fuchs oder Marder. Dieses Problem besteht eher im Herbst, wenn die Tiere den Sommerrhythmus verinnerlicht haben. Aus diesem Grund ist zu empfehlen, dass man zur Zeitumstellung im Oktober ganz besonderes Augenmerk auf den abendlichen Kontrollgang nach Klappenschließung legt. Gegebenenfalls muss man Nachzügler aus dem Auslauf in den Stall setzen. Nach ein paar Tagen hat sich das Problem gelegt.

Gerade nach der Zeitumstellung im Herbst, wenn die Tiere noch an den Sommerrhythmus gewöhnt sind, sollten Sie beim abendlichen Kontrollgang nach der Klappenschließung besonders auf Nachzügler achten und diese ggf. in den Stall setzen.

Wanderzäune

Oft wird in der mobilen Haltung der Aufwand für den Zaunversatz unterschätzt – vor allem, wenn man mehrere Mobilställe betreibt. Entscheidet sich der Legehennenhalter für das Wechselweidesystem, kann er den Aufwand des Zaunversatzes reduzieren. Er investiert in eine ausreichende Länge von Steckzäunen und steckt 4 Areale entsprechend den Angaben im Randkasten ab (s. Abb. 114).

In der konventionellen Haltung ist es bei Wechselweidesystemen möglich, von 4 auf 2,5 m² Auslauf je Henne zu reduzieren. In dem Fall müssen dann insgesamt 10 m² je Tier vorhanden sein. Unter ökologischen Bedingungen ist dies nicht erlaubt, die Henne muss zu jeder Zeit 4 m² zur Verfügung haben.

So können zum Beispiel die Weiland-Modelle HüMo BASIS 225 und HüMo PLUS Kombi längs an die Frontseiten der 4 Areale gefahren werden. Den Hennen wird dann einseitig der Zugang zum Auslauf gewährt und die Eientnahme erfolgt auf der Rückseite.

Der Zeitaufwand für das Versetzen des Zaunes lässt sich vermeiden, indem der Mobilstall innerhalb einer ausreichend dimensionierten Fläche bewegt werden kann.

Abb. 114: Landwirt Heinrich Driehsen baute für seinen Betrieb in NRW ein Tor für seinen Wanderzaun. Es steht frei und wandert bei Bedarf mit dem Steckzaun mit. Er beziffert die Materialkosten mit unter 100 € (Quelle: van der Linde).

Beutegreifer – eine der größten Herausforderungen

Eine der größten Herausforderungen für den mobilen Legehennen- oder Geflügelhalter ist der Schutz seiner Tiere vor Beutegreifern. Dabei ist er in der heutigen Zeit gewissen Regeln unterworfen. Während der Bauer früher seine Flinte aus den Schrank holte, um seine Tiere vor Fuchs, Habicht, Wolf und Co. zu schützen, hat er diese Handlungsoption heute nicht mehr und muss sich etwas anderes einfallen lassen.

Habicht

Der Habicht – im Volksmund auch Hühnerhabicht genannt – hat sich mittlerweile als eines der größten Probleme in der Freilandhaltung von Geflügel herausgestellt. Hühner reagieren instinktiv mit einem arteigenen Verhaltensrepertoire. Da ist zunächst das klar erkennbare Bedürfnis, sich stets in der Nähe von deckungspendenden Elementen aufzuhalten. Sind diese nicht vorhanden, entfernen sich die Tiere in der Regel nicht weit vom Stall. Dieser ersetzt in menschlicher Obhut den Wald und Waldrand, die zum natürlichen Habitat der lebenden Vorfahren gehörten. Der ständig wachsame Blick nach oben und der Sprint in die sichere Deckung, sobald ein größerer Vogel am Himmel kreist, zeigen das instinktive Verhalten bei Gefahr.

Ansitzjäger

Dabei ist der Habicht nicht mal ein Raubvogel, der auf Beutesuche am Himmel kreist. Er gehört zu den so genannten „Ansitzjägern." Das bedeutet, dass er auf hohen Pfosten oder waagerechten Ästen sitzt und seine Umgebung nach möglicher Beute absucht. Er startet seinen Angriff blitzschnell und nutzt das Überraschungsmoment. Der Habicht ist zwar nicht so schnell wie ein Falke, aber aufgrund seiner gebogenen Flügelspitzen sehr wendig. Er verfolgt seine Beute auch unter Büsche und Geräte, gibt bei einem Fehlschlag nicht gleich auf und setzt noch einmal nach. Raubvögel, deren Flugsilhouette man am Himmel kreisen sieht, sind in der Regel Bussard oder Rotmilan (s. Abb. 115).

Bei Habichten jagt überwiegend das wesentlich größere Weibchen die Hühner, der männliche Habicht konzentriert sich auf kleinere Vögel und Kleinsäuger. Ist allerdings der Hunger des Terzels groß genug, versucht auch er bei den Hühnern sein Glück.

Greifvogelschutz

Besucht man die Webseiten des Naturschutzbundes um sich über den Habicht und sein Verhalten zu informieren, wird hier die Taube als Hauptbeute dargestellt, Vorkommnisse mit Hausgeflügel hingegen als gelegentliche Einzelfälle bezeichnet oder gar nicht erst thematisiert. Selbst in den Unterlagen der NABU-Habichttagung zum „Vogel des Jahres 2015" findet sich nichts Nennenswertes zu Problemen mit geflügelhaltenden Betrieben.

Durch den Schutz der Greifvögel haben sich die Bestände in den letzten 40 Jahren deutlich erholt. Deutschlandweit geht man von einer Population von etwa 16 500 Habichtbrutpaaren aus. Dabei ist aus dem einst scheuen Waldvogel in einigen Gebieten längst ein Stadtvogel geworden. So ist Experten zufolge in Berlin die größte Habichtsiedlungsdichte der Welt zu verzeichnen. In der Spreemetropole sind über 100 Brutpaare auf 900 km^2 sesshaft. Dass Habichte in den Städten heimisch

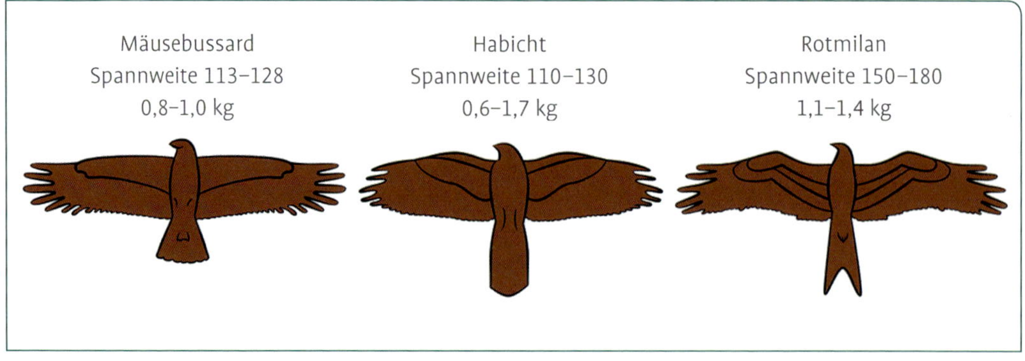

Abb. 115: Flugsilhouetten von drei Greifvogelarten.

wurden, mag sicher auch daran liegen, dass sich dort ihre Hauptbeute, die Taube, sehr wohl fühlt und in Scharen zu finden ist. Da jedoch jedes Habichtpaar ein bestimmtes Brutrevier für sich beansprucht, und die Nachkommen nach der Aufzucht aus diesem vertrieben werden, ist nur nachvollziehbar, dass sich die jungen Habichte neue Reviere erobern müssen (s. Abb. 116). Somit nimmt auch in den ländlichen Gegenden die Siedlungsdichte der Habichte zu. Hier finden sie neben ihrer natürlichen Beute einen reich gedeckten Tisch in den Freiland- und Bioausläufen der Legehennenhaltungen.

Abb. 116: Habicht im Junggefieder, dann „Rothabicht" genannt (Quelle: van der Linde).

Dabei vertreten einige Greifvogelschützer die Meinung, dass Hausgeflügel, das im Freien gehalten wird, aus Tierschutzgründen in rundum vergitterten oder vernetzten Gehegen gehalten werden sollte. Dies ist vor dem Hintergrund von derzeit rund 12 Mio. Freiland- und Bio-Hennen nicht realisierbar, denn dafür müssten bundesweit Flächen von 4800 km² unter Netze gebracht werden.

Hühnerverluste durch Habichte

Die Halter der großen Legehennenbestände (> 15 000 Legehennen) leben mit den Verlusten durch Habichte. Wenn auch ärgerlich, machen sie – in Bezug auf die Herde – einen Bruchteil der Gesamtverluste aus. Bei den Mobilstallhaltern sieht das etwas anders aus. Vor dem Hintergrund der relativ kleinen Legehennenherden und den dazu verhältnismäßig hohen Investitionskosten ist jede verlorene Henne ein bitterer Verlust (s. Abb. 117).

Hat sich ein Habicht erst auf eine Legehennenherde „eingeflogen" ist mit täglichen Verlusten zu rechnen. Wird er beim Fressen gestört, schlägt er im zweiten Anlauf eine weitere Henne für seinen Nahrungserwerb, da er nur in Notfällen Aas frisst. Dabei sitzen nicht selten besonders dreiste Exemplare schon morgens auf den Dachrinnen oder -firsten der Mobilställe, um beim Öffnen der Auslaufklappen die ersten

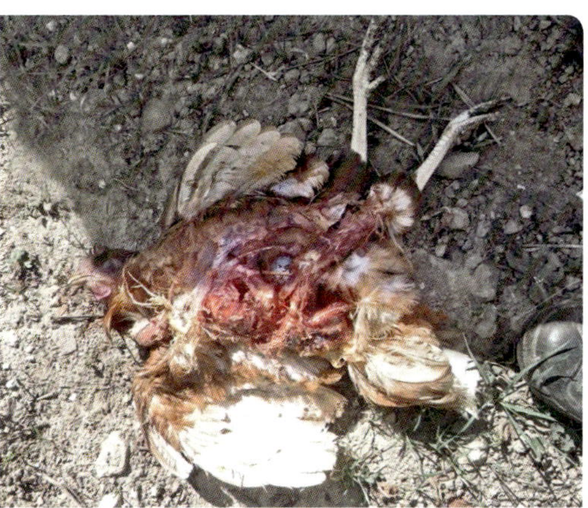

Abb. 117: Habichtopfer sind meist seitlich aufgerissen (Quelle: Witt).

Freigängerinnen zu erwischen. Hinzu kommen die Schäden, die ein Habicht verursacht, der auf dem Beuteflug einer Henne in den Mobilstall folgt. Hier sorgt er für eine regelrechte Massenpanik unter den Hennen, sodass in Folge ein Teil der Herde erdrückt wird und erstickt.

Facebookgruppe tauscht sich aus

Als Hilfe zur Selbsthilfe hat ein junger Landwirt in Hessen 2015 eine Facebookgruppe zum Austausch gegründet. Dennis Hartmann sah nach seinem Einstieg in die mobile Geflügelhaltung die Notwendigkeit, sich mit gleichgesinnten Berufskollegen über Probleme und Erfahrungen auszutauschen. Ursprünglich nicht in größerem Rahmen geplant, ist die Hartmann-Gruppe mittlerweile auf beachtliche 700 Mitglieder angewachsen, alles Betreiber von Mobilställen bundesweit inklusive Österreich, Schweiz und Belgien.

Nach mehrjährigem, intensivem Austausch wissen die „alten Hasen" dieses Netzwerkes mittlerweile nur zu genau, welch großes Problem sich ihnen stellt, wenn ein Habicht sich auf ihre Herde eingeflogen hat. Erlebnisse mit 250 eingestallten Hühnern im Mobilstall, von denen am Ende weniger als die Hälfte übrig bleibt, durchaus leidvolle Erfahrungen von Mobilhaltern.

Habichtabwehr mit Ziegen

Gruppenadministrator Dennis Hartmann schwört auf den Einsatz von Ziegen als erstes Mittel der Wahl, in der Gruppe gemachte Erfahrungen bestätigen seine Meinung. Jüngst wurde im Netzwerk der FB-Gruppe Mobiler Geflügelstall / mobile Freilandhaltung / Freilandhähnchenmast

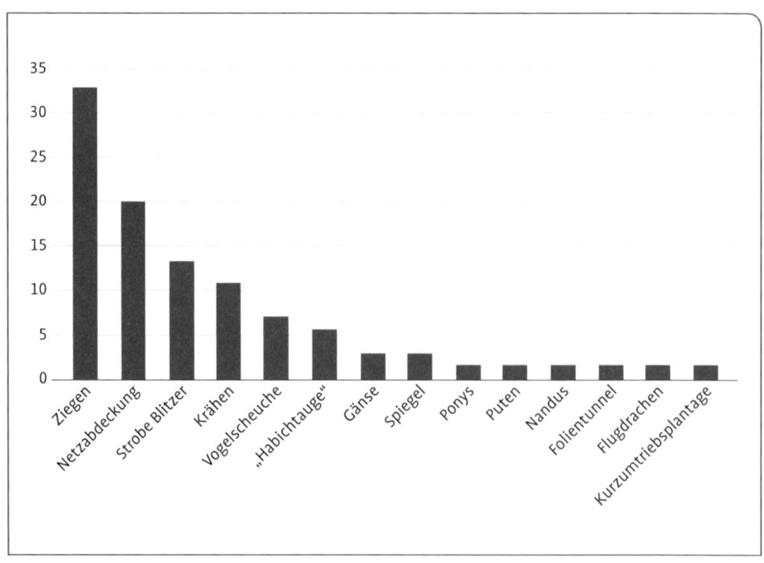

Ergebnisse der Umfrage durch J. van der Linde in Facebookgruppe Dennis Hartmann zum Thema verschiedene Habichtabwehrmaßnahmen.

eine Umfrage zu Habichtabwehrmaßnahmen durchgeführt und das Ergebnis bekräftigt Hartmanns Einschätzung. Über 50 % der abwehrmaßnahmenergreifende Betriebe gaben an, mit verschiedensten Mitteln den Habichtangriffen entgegenzuwirken, fast ein Drittel der Betriebe setzt dabei auf die Abwehr durch Ziegen (s. Abb. 118).

Viele von den Betrieben haben bereits die übrigen Abwehrmittel ausprobiert und geben an, dass nur der Einsatz von Ziegen in ihren Ausläufen relativ gut Abhilfe vor Verlusten durch den Habicht schafft. Bemerkenswert sind Erfahrungen, die zeigen, dass sich Habichte von Schafen und Rindern eher nicht beeindrucken lassen und zwischen diesen weidenden Tieren weiterhin auf Beutezug gehen, um Hühner zu schlagen. Werden hingegen Ziegen gehalten, die evtl. noch eine kleine Glocke am Halsband tragen, bleibt der scheue Habicht fern.

Ziegen haben ein anderes Verhaltensrepertoire und sehen sich als Teil der Hühnerherde. So wurde beobachtet, dass Ziegen die Hühner bei Angriffen aktiv beschützen. Es zeigte sich, dass – wenn man die Ziegen aus einer Herde abzieht – der Habicht innerhalb von 24–48 h erneut sein Unwesen treibt. Auch wenn die Ziegen bei Regenwetter in ihrer Schutzhütte liegen, wagt ein hungriger Habicht mitunter einen Angriff.

In der Ziegenhaltung muss man die relevanten Vorschriften einhalten, wie beispielsweise Meldung bei der Tierseuchenkasse, Kennzeichnung nach Vieh-Verkehrsordnung, Führen eines Bestandsregisters und ausbruchssichere, elektrische Einzäunung. Ziegen benötigen eine Schutzhütte.

Abb. 118: Geflügel und Ziegen – funktioniert prima (Quelle: Puls).

Beobachtungen zufolge dienen die Ziegen nicht nur dem passiven Schutz vor Habichten, sondern sie greifen auch aktiv an, um die Ziegen zu schützen.

Absicherung durch Netze

Die sicherste Methode zur Habichtabwehr ist das vollständige Abnetzen der Ausläufe. Sie wird aufgrund des Aufwandes und Einschränkung der Mobilität sowie benötigter Größenordnungen jedoch nicht so häufig praktiziert. Bei einem rheinland-pfälzischem Mitglied der Gruppe hatten sich teilweise bis zu 6 Habichte auf einen Standort mit 660 Legehennen eingeflogen. Er berichtet, dass die Althabichte ihre Jungen eine ganze Weile weiterhin im Revier dulden, wenn das Nahrungsangebot ausreichend groß ist. Wenn der junge Bio-Landwirt Michael Kneißl sich zu täglichen Arbeiten und Kontrollgängen zu seiner Weidefläche aufmachte, konnte er von Weitem schon die zahlreichen, hellen Flecken aus gerupften Federn in seinen Mobilausläufen erkennen (s. Abb. 119).

Nachdem der Hühnerhalter alle möglichen Abwehrmaßnahmen ausprobiert hatte, netzt er nun seine Ausläufe nach oben hin ab. Nach dem Motto „Not macht erfinderisch" entwickelte er ein Teleskopsystem, das er an den Hühnermobilen befestigte (s. Abb. 120). Je Hühnermobil hat er rund 1000 m² unter leichten Fischernetzen mit Maschenweite 10 cm abgespannt und seitdem Ruhe vor den Beutegreifern. Insgesamt beklagt der Landwirt jedoch den immensen Arbeitsaufwand des Versetzens. Der Schutz seiner Hühner durch Netze bedeutet für ihn 450 % mehr Arbeitsaufwand für das Versetzen der Ställe. Deshalb werden die Ställe nicht mehr wöchentlich, sondern nur noch alle 3 Wochen versetzt.

Habichtabwehr mittels Strobe Blitzer

An dritter Stelle in der Umfrage rangiert der sogenannte Strobe Blitzer. Dieser wird auf dem Dach des Hühnermobils installiert (s. Abb. 121).

Abb. 119: Typischer Habicht-Tatort: der Federhaufen im Auslauf (Quelle: van der Linde).

Abb. 120: Habichtschutz durch Fischernetz (Quelle: van der Linde).

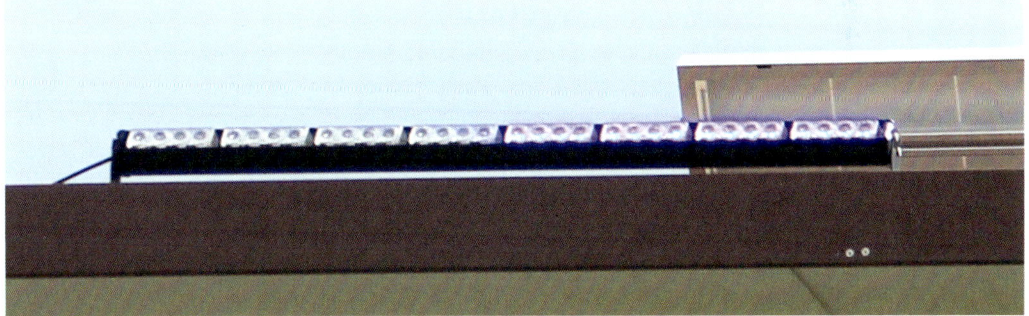

Abb. 121: Strobe Blitzer mit Lichtprogramm helfen oft nur kurzzeitig (Quelle: van der Linde).

Das Gerät ist in unterschiedlichen Varianten erhältlich und wird in den USA von Polizei, Rettung und Feuerwehr als markante, optische Warnleuchten eingesetzt. Die vom Gerät abgesandten Lichtblitze sollen den Habicht irritieren – idealerweise ist der Blitzer also Richtung Habichtansitz ausgerichtet. Da der Vogel sehr schlau ist und genau beobachtet, verlieren abschreckende Störmaßnahmen durch Gewöhnungseffekte schnell die gewünschte Wirkung. Aus diesem Grund sollte man sich für einen Strobe Blitzer mit verschiedenen Lichtprogrammen entscheiden, die man regelmäßig wechseln kann. Alle Nutzer geben an, der Strobe Blitzer habe nur eine gewisse Zeit geholfen, dann seien die Blitzer vom Habicht ignoriert worden. Je nach Anschaffungszeitpunkt des Gerätes sollte man seine Aufmerksamkeit bezüglich Funktionalität auf den Beginn der „Habichtsaison“ fokussieren. Diese beginnt Erfahrungswerten der Facebookgruppe zufolge im August, wenn die Nachkommen der Revierhabichte angelernt werden.

Fuchs

Auch der als „Hühnerdieb“ in Kinderbüchern titulierte Fuchs treibt regelmäßig saisonal sein Unwesen. Im Frühjahr, wenn die Füchse Jungtiere zu versorgen haben, muss der Mobilstallhalter besonders wachsam sein.

Elektrozaun gegen Füchse

Der Elektrozaun bietet einen gewissen Schutz. Damit er rundum einwandfrei funktioniert, ist eine entsprechende Weidepflege am Zaun unerlässlich. Das bedeutet, dass man im Zaunbereich den Weidebewuchs möglichst kurzhalten muss. Ein eingewachsener Elektrozaun hat so gut wie keinen Effekt, denn der Strom wird an den Grashalmen in den Boden abgeleitet.

Achten Sie beim Einsatz eines Elektrozauns darauf, dass er nicht eingewachsen ist. Grashalme leiten den Strom an den Boden ab und machen den Zaun nutzlos.

Erfahrungen in den Mobilhaltungen zeigen auch, dass man sich nicht allein auf den Elektrozaun verlassen sollte. Ein Fuchs, der hungrig ist oder gar als Elternteil einen großen Wurf versorgen muss, geht manches Risiko ein. Dies kann dann auch mal ein unangenehmer Stromschlag sein. Da die Steckzäune nicht eingegraben werden, sondern lose auf der Erde liegen, schlüpft der Fuchs meist unter der unteren Litze hindurch. Diese ist meistens nicht stromführend, um keinen Strom in die Erde abzuleiten.

Bei Mobilställen, die innerhalb einer fest eingezäunten Weide bewegt werden, wählt man in der Regel einen hohen Zaun, der bei zu erwartendem Fuchsdruck in der Region meist auch in der Erde eingegraben ist. Hier sollte man wissen, dass der Fuchs in der Lage ist, problemlos einen 2 m hohen Zaun kletternd wie eine Katze zu überwinden. Es gibt sogar Berichte, dass ihn eine in 2 m Höhe gespannte Stromlitze nicht von seinem Beutezug abhält. Erst ab zwei übereinander gespannten Stromlitzen trat endlich Ruhe ein.

Fuchs einfangen – keine gute Idee

Ohne Jagdausübungsberechtigung und Fallenschein ist es verboten, Füchse zu fangen!

Immer wieder wird unter Mobilstallhaltern diskutiert, ob man den Missetäter nicht per Lebendfalle fangen und in größerer Entfernung aussetzen könne. Dies macht wenig Sinn, zumal es nur dem Jagdausübungsberechtigten mit Fallenschein erlaubt ist, wilde Tiere lebend zu fangen. Mobilstallhalter in Gebieten mit hohem Fuchsbestand können oft über ihre leidvollen Erfahrungen berichten. Besteht ein gutes Einvernehmen mit dem Jagdpächter, wird von dieser Seite oft Hilfe angeboten. Es gibt Fälle, bei denen rund um die Hühnerausläufe im Laufe von einigen Wochen bis zu 18 Füchse erlegt wurden. Hier dürfte es sich um einen sogenannten „Familienverband“ gehandelt haben. Dieser besteht dann aus verschiedenen Generationen einer einzigen Familie – deshalb auch die Bezeichnung Verband und nicht Rudel.

Größe der Fuchspopulation unabhängig vom Nahrungsangebot

Interessant für den leidgeprüften Hühnerhalter mag die Tatsache sein, dass Füchse zur Arterhaltung ihre Wurfgröße steuern können. Bei starker Bejagung nimmt die Wurfgröße zu. Diese hängt also weniger mit dem Nahrungsangebot durch die Freilandhennen zusammen, sondern mit den Sterberaten bei den Füchsen. Dazu gibt es eindeutige Studien. So kann sich die normale Wurfgröße von 3–5 Jungen durch besondere Umstände verdoppeln. Die Würfe erfolgen im April–Mai. Genau zu dieser Zeit häufen sich die Klagen von Mobilstallhaltern, die über große Schäden berichten. Die Aufzucht und das Verbleiben der Jungfüchse im Revier dauert mindestens 3–4 Monate, also etwa ein Drittel des Jahres. Die Hauptbeute der Füchse sind Mäuse und Insekten – in einem ungesicherten Hühnerauslauf ist jedoch eine viel größere Portion zu ergattern (s. Abb. 122).

Fuchs im Stall

Die größten Schäden entstehen, wenn sich ein Fuchs im Mobilstall mit einschließen lässt. Dabei wissen einige Mobilhalter zu berichten, dass der Fuchs sich zunächst ruhig verhält und aufgrund seiner Fellfarbe zwischen den Hühnern liegend beim letzten Kontrollgang nicht auffällt. Erst wenn Ruhe eingekehrt ist, beginnt er sein Werk. Fuchsunerfahrene Hennen geraten in ihrer Behausung zunächst nicht gleich in Panik, wie sie es instinktiv bei einem Habicht im Stall tun würden. Ein ruhiger Fuchs im Stall wird geduldet. Eventuell kennen die meist zutraulichen, braunen Hennen den Hofhund des Hühnerhalters und definieren den Vierbeiner zunächst nicht als Gefahr. Beginnt der Fuchs dann mit seinem Beutezug, gerät er in eine Art „Blutrausch“. Dabei ist für ihn anscheinend nicht relevant, dass er 80–150 getötete Hennen weder fressen noch zum Bau transportieren kann.

Abb. 122: Besuch vom Fuchs (Quelle: anonym).

Die üble Bescherung sieht der Hühnerhalter dann beim ersten Stallbesuch am darauffolgenden Morgen (s. Abb. 123). Ökonomisch ist das für ihn nicht nur aufgrund der Anschaffungskosten der Junghennen bitter, die Eier der getöteten Tiere fehlen dem Mobilstallhalter oft im Verkauf.

Tote Hennen nicht ersetzen

Ein Nachsetzen von neuen Hennen auf den frei gewordenen Tierplätzen kann aus Beratersicht eindeutig nicht empfohlen werden. Es gibt nur vereinzelte Berichte, wo diese Praxis gutgegangen ist, in der Regel geht sie schief. Rangordnungskämpfe bringen Unruhe in einen solchen Mischbestand, jüngere Hennen werden von älteren abgedrängt. Sie nehmen dann nicht genug Futter auf und können daraufhin ihre biologische und ökonomische Leistung nicht erbringen.

> Ab welcher Verlustrate die dezimierte Herde nicht mehr wirtschaftlich ist, erfahren Sie in Kapitel 1.

Abwehrmaßnahmen – Fehlanzeige

Gegen Fuchsangriffe und -schäden in der Mobilstallhaltung von Geflügel gibt es – außer dem Einsatz von Herdenschutzhunden – kein wirkliches Rezept. Die Haltung von echten Herdenschutzhunden ist ein Thema für sich und wird in der Legehennenhaltung aufgrund des Aufwandes eher weniger bzw. nur in Einzelfällen praktiziert.

Dem Mobilstallhalter kann nur die Empfehlung an die Hand gegeben werden, mit Beginn der Fuchssaison im April erhöhte Wachsamkeit walten zu lassen. Möglichkeiten der technischen Überwachung finden sich in Kapitel 5.

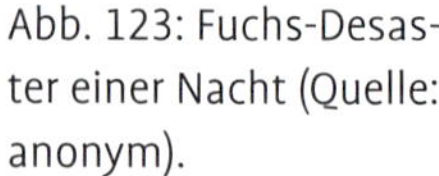

Abb. 123: Fuchs-Desaster einer Nacht (Quelle: anonym).

Dennoch können Sie etwas tun, um es dem Fuchs so schwer wie möglich zu machen: Halten Sie die Technik in Ordnung. Auch ein gutes Zaunmanagement machen die Beutezüge schwieriger. Außerdem helfen richtig eingestellte Auslaufklappen: Da der scheue Fuchs vorzugsweise in den frühen Morgenstunden oder zu Sonnenuntergang auf Beutefang geht, ist es sinnvoll, die Klappen nicht vor 10 Uhr zu öffnen. Den Terminen der Sommer- und Winterzeitumstellung sollte man besonders beachten. Sowohl Legehennen als auch Füchse oder andere Prädatoren haben ihren eigenen Biorhythmus – sie richten sich nicht nach unseren individuellen Kalendern.

Andere Beutegreifer

Weitere Beutegreifer, die einem Hühnerhalter Probleme machen können, sind Marder, Waschbär, Dachs, Krähenvögel und Seeadler. Marder schlüpfen aufgrund ihrer geringen Größe schnell mal durch einen ungesicherten Zaun. Über die Findigkeit von Waschbären wissen vor allem Hühnerhalter aus Hessen zu berichten. In diesem Bundesland herrscht die größte Waschbärendichte. Ein hungriger Dachs kann sich in der Regel ebenfalls Zugang in einen Hühnerauslauf verschaffen.

Krähenvögel

Ein besonderes Problem können Krähenvögel sein. Dabei erlegen sie die Hennen meist nicht selbst. Die sehr strategisch veranlagten Vögel finden sich mitunter zu Gruppen an Ausläufen zusammen, in denen ein Habicht regelmäßig Beute macht. Hat der Habicht eine Henne erlegt, wird er dann von den Krähen vertrieben. Da der Habicht leer ausging, wir er unter Umständen später noch einmal sein Jagdglück versuchen.

Ein Vorteil von ansässigen Krähenvögeln kann aber sein, dass sie einen Greifvogel aktiv aus ihrem Revier vertreiben und somit indirekt die Hühner schützen. Vereinzelt füttern Mobilstallhalter aus diesem Grund aktiv Krähenvögel an und haben Erfolge damit.

Seeadler

Seeadler in der Freilandhaltung von Geflügel ebenfalls Probleme machen. Bislang sind sie eher in Regionen der neuen Bundesländer und Schleswig-Holstein angesiedelt. Es kann vorkommen, dass Seeadler in großen Gruppen über 10 Vögeln auftreten und sich vor allem in den großen Freiland- und Bioherden der Festställe „bedienen." Sie sind 3- bis 4-mal so schwer wie ein Habicht und verfügen mit maximal 2,40 m über die fast doppelte Flügelspannweite. Ein Seeadler hat also ausreichend Schwungmasse, um mit einem nur 2 kg schweren Huhn davonzufliegen. Der Habicht ist mit 0,6–1,7 kg dazu nicht in der Lage und frisst seine Beute in der Regel im Hühnerauslauf oder schlimmstenfalls im Mobilstall.

Bussarde

Ab und zu hört man von vereinzelten Problemen mit einem Bussard, diese sind aber nicht die Regel. Die bei uns am häufigsten vorkommende Bussardart ist der Mäusebussard – und wie der Name schon sagt, jagt er überwiegend Mäuse. Zum Beuteschema des Rauhfußbussards gehören Wühlmäuse, Regenwürmer, Insekten, kleine Vögel, Amphibien und Aas. Ein 2 kg schweres Huhn steht also eher nicht auf dem Speiseplan.

Vorkommnisse mit Bussarden in Hühnerhaltungen sind eher Einzelfälle. Es sind vermutlich kranke oder alte und natürlich hungrige Tiere, die irgendwann einmal erfolgreich ein Huhn geschlagen haben und nun wissen, dass dies eine Nahrungsquelle sein kann.

Weidezaun und Strom

Da in der Mobilstallhaltung die Ställe häufig versetzt werden müssen, kommen dort oft Wanderzäune zum Einsatz (s. Abb. 124). Diese werden um die Ausläufe der Legehennen mit Spießen in den Boden gesteckt. Dass der Steckzaun über ein Weidezaungerät mit Strom bespeist wird, hat folgende Gründe: Die Legehennen lassen sich so vor Raubwild oder streunenden Hunden schützen.

Strom am Weidezaun erlaub? Ja!

Darüber, ob Strom auf Weidezäunen von Legehennen erlaubt ist, gehen die Meinungen der Genehmigungsbehörden auseinander.

Das vermeintliche Stromverbot auf Weidezäunen im Zusammenhang mit Hühnerhaltung hat seine Wurzeln in der Fehlinterpretation eines Gesetzes.

Der Passus zum „Verbot von stromführenden Leitungen im Aufenthaltsbereich von Legehennen" findet sich in der **Tierschutz-Nutztierhaltungsverordnung**. Dort heißt es in Abschnitt 3, § 13, Absatz 6: „Legehennen dürfen an keiner Stelle des Aufenthaltsbereiches direkter Stromeinwirkung ausgesetzt sein."

Diese Textpassage war nicht von Anfang an in der Tierschutz-Nutztierhaltungsverordnung verankert. Das spätere Einfügen dieses Verbotes hatte konkrete Gründe. Als die deutschen Legehennenhalter und der Handel sich von der klassischen Käfighaltung verabschiedeten, wurde vornehmlich in die klassischen Bodenhaltungssysteme investiert. Vielen der ehemaligen Käfighalter fehlte die Erfahrung, mit den Hennen innerhalb dieser alternativen Bodenhaltungssysteme umzugehen. Um ein unerwünschtes Verlegen der Eier in den Ecken der Ställe zu verhindern, verlegte man dort Stromdrähte, die über ein Weidezaungerät gespeist wurden. Damit erreichte man, dass die Hennen stattdessen ihre Eier in die dafür vorgesehenen Nester legten.

Mit **Beschluss des Bundesrates 399/09** wurde im Juni 2009 dem § 13 der Tierschutz-Nutztierhaltungsverordnung der Absatz 6 hinzuge-

Abb. 124: Steckzaun (Quelle: van der Linde).

fügt, der besagt, dass Legehennen an keiner Stelle des Aufenthaltsbereiches direkter Stromwirkung ausgesetzt sein dürfen.

Die Begründung des Bundesrates zu dieser Änderung liest sich wie folgt: „Auf Grund der hohen Besatzdichten ist es einzelnen Tieren nicht möglich, in Ecken oder an Seitenwänden angebrachten stromführenden Drähten auszuweichen, wenn sie von Artgenossen auf diese gedrückt oder gejagt werden. Stromführende Einrichtungen am Eierabrollband, die zur Verhinderung des Anpickens von Eiern dienen, sind von dem Verbot nicht betroffen, da sie sich außerhalb des Aufenthaltsbereiches befinden."

Vor allem der letzte Satz stellt klar, dass es dem Gesetzgeber nicht generell darum ging, Hühner immer und überall vor der Berührung mit einem elektrischen Weidezaun zu schützen. Vielmehr wollte er diejenigen Tiere schützen, die unverschuldet durch hohe Tierbesatzdichten von den Artgenossen in stromführende Drähte der Stallecken gedrängt wurden.

Die Regelung der Tierschutz-Nutztierhaltungsverordnung zum Einsatz von stromführenden Drähten bei Legehennen bezieht sich ausschließlich auf den Aufenthaltsbereich im Stall, dies geht aus der Begründung 399/09 des Bundesrates eindeutig hervor.

Im Auslauf steht jeder Henne eine Fläche von 4 m² zur Verfügung, während sie im Stall nur über 0,11 m² verfügen kann. Die Gefahr, dass sie im Auslauf ungewollt in den stromführenden Zaun gedrückt wird, ist daher relativ gering bzw. kommt nicht vor, da sie genügend Platz zum Ausweichen hat.

Möglichkeiten der technischen Überwachung

Überwachungsmöglichkeiten
Nach Fuchsschaden und anderen Vorkommnissen recherchierte Gründer und Gruppenadministrator Dennis Hartmann Möglichkeiten der technischen Überwachung von Mobilställen und teilte seine Ergebnisse mit den 700 Mobilstallhaltern in seiner Facebookgruppe (s. Abb. 125).

Erfahrungsbericht Dennis Hartmann

„Kürzlich haben wir uns dazu entschlossen, unsere Stallungen mit **Überwachungssystemen** auszurüsten. Drei unserer Ställe stehen in einiger Entfernung vom Hof und sind von dort nicht einsehbar. Raubtiere, die oftmals in der Dämmerung in den Stall eindringen wollen, Auslaufklappen die sich hin und wieder nicht schlossen oder Nachzügler unter den Hühnern, die vor verschlossener Klappe saßen – all das zog am anderen Morgen meist unliebsame Überraschungen nach sich.

Ein weiterer **Vorteil**: auch tagsüber können wir nun auf diese Weise sporadisch aus der Ferne nach dem Rechten schauen. Weiterhin sollen die Kameras vor Vandalismus und Diebstahl schützen, denn auch damit haben wir leider schon Bekanntschaft gemacht. So kann eine Kameraüberwachung auch abschreckend wirken oder ggf. den oder die Täter überführen. Durch die außen am Stall angebrachten Bewegungsmelder werden wir nun bei besonderen Vorkommnissen an unseren Ställen informiert und können sehen, ob sich Menschen oder Tiere in Stallnähe aufhalten.

Abb. 125: Dennis Hartmann, Gründer der Facebookgruppe „Mobiler Geflügelstall/mobile Freilandhaltung/Freilandhähnchenmast“ (Quelle: van der Linde).

Abb. 126: Nachtbild der Überwachungskamera: alles schläft (Quelle: Hartmann).

Wichtiger Hinweis: Aus datenschutzrechtlichen Gründen darf man nur das eigene Grundstück überwachen und Angestellte müssen hierzu ihre Einwilligung geben. Gegebenenfalls kann man (auch zur Abschreckung) ein Schild mit dem Hinweis „Videoüberwachung" aufstellen.

Wir haben vier Standorte und sind mindestens 2-mal pro Tag an jedem Standort. Zuhause überwachten wir mit IP-Kameras bereits unsere Eier-Klappe, den Hofladen und den Eingangsbereich des Hofladens, nachdem wir dort einmal Vandalismus-Schäden hatten. Daher hatte ich natürlich schon ein paar Vorkenntnisse, was Installation, App, Software etc. betrifft.
Ich habe umfangreich recherchiert und mit Fachhändlern für Router, Kameraherstellern, Telekommunikationsanbietern usw. intensive Gespräche geführt. Auch Andere in unserer Mobilstallgruppe hatten wiederholt Schäden durch Raubwild und Vandalismus. Daher hoffe ich, dass der ein oder andere Anregungen findet und nicht jeder Einzelne auf seiner Suche nach eigenbetrieblichen, technischen Lösungen bei Null anfangen muss.
Uns selbst erleichtert diese Investition in die Überwachung der Mobilställe ungemein den betrieblichen Alltag. Die späte, allabendliche Rundfahrt, ob alles in Ordnung ist und kein Huhn aus Versehen ausgesperrt wurde, entfällt nun überwiegend. Gerade im Sommer mit dem späten Sonnenuntergang können wir nun beruhigt zu Bett gehen und kurz vorher per Smartphone oder über die Kamerasoftware am PC noch einen letzten Blick in unsere Hühnerherden werfen (s. Abb. 126). Natürlich kann ich nun auch vormittags aus dem 30 km entfernten Büro nach meinen Hühnern schauen, ob alles in Ordnung ist (s. Abb. 127). Ich habe je eine Kamera im Stall und eine außen angebracht. Weiterhin sind **Türkontaktschalter** installiert, falls die Tür nachts aufgebrochen wird. Außer-

dem noch zwei **Bewegungssensoren** außen am Stall mit eingebauter Batterie, die den Nahbereich um den Stall überwachen. Da der Mobilstall außerhalb des Hühnerauslaufs steht, wird so ein Fehlalarm durch Hühner vermieden.
Es handelt sich um qualitativ hochwertige Produkte mit gutem Support (Hi-Kam). Der Router ist auch für professionelle Einsätze gebaut und verfügt über externe Anschlüsse für Mobilfunk- und WLAN-Antennen.
Sicherlich gibt es in der professionellen Überwachungsszene viele bessere, aber dafür auch viel teurere Geräte. Dann passt das Kosten-Nutzen-Verhältnis für einen kleinen, landwirtschaftlichen Betrieb aber meiner Ansicht nach nicht mehr. Alle Empfehlungen sollen nur als Beispiel gelten, es gibt auch andere Anbieter und Hersteller. Ich möchte ausdrücklich keine Werbung machen, sondern das Ergebnis meiner Recherche und ein Bericht sollen darstellen, wofür ich mich entschieden habe.

Wichtig: Vor einer Installation bzw. Investition muss man mit dem Smartphone an den Einsatzorten des Mobilstalles den Empfang und die Datenübertragung testen. Wenn dort kein Empfang ist oder nur geringe Datenverbindung („E"), dann bringen auch Außenantennen nichts.

Da ich diese Investition im Sommer getätigt habe, war es mir natürlich noch nicht möglich, den Winterbetrieb zu testen. Ich denke dabei an das Stichwort „Stromverbrauch" im Zusammenhang mit der Photovoltaikanlage: Meine Überwachungstechnik zusammen mit dem Weidezaungerät könnte eventuell zu viel für die kleine PV-Anlage sein. Eventuell muss ich dann auf einen weiteren Akku zurückgreifen oder aber ein weiteres Photovoltaikmodul auf dem Mobilstall montieren.
Funktionen meiner Anlage: Jederzeit Livebild über Smartphone-App oder kos-

Abb. 127: Überwachung während des Tages (Quelle: Hartmann).

tenloser PC-Software. 3-Minuten-Alarmaufzeichnung auf SD-Karte der Kamera sowie Online-Bild nach "Push-Alarm" auf dem Mobiltelefon. Die Kamera schickt eine E-Mail mit drei aktuellen Bildern an die hinterlegte E-Mailadresse.

Mögliche Investitionskosten für Überwachungssystem:
- mobiler LTE-Router Teltonika RUT950: 180–220 €
- es geht auch Teltonika T240: ca. 125–160 €
- Außenkamera HiKam A7: 65–85 €
- Feuchtraumkasten für Router etc.: 20 €
- 1-Ampere-Sicherung: 4 €
- Überspannungsschutz: 10 €
- 4-GB-Datentarif: 9,99 €/Monat

Die Router haben ein Metallgehäuse und Anschlüsse für externe **LTE- und Wifi-/WLAN-Antennen**. Das ist sehr wichtig für den Empfang. Die Kamera außen kann direkt am Stall angebaut werden, oder am Pferdehänger (der bei uns sowieso für die Ziegen vorhanden ist). Wobei dann eine 12-V-Stromversorgung vom Stall zum Pferdehänger verlegt werden muss. Am besten man schützt die Leitungen mit einem „Kabelschutzschlauch" gegen Beschädigungen, denn Ziegen knabbern gern.
Zusätzlich sind **PIR-Sensoren** möglich, die man z. B. außen am Stall befestigen kann: So schlägt die Kamera Alarm, wenn ein Mensch, Fuchs etc. am Stall ist. Um die Technik auf ihre Funktion zu überprüfen, habe ich die Kamerahalterungen zunächst provisorisch aus Holz gebaut. Auf Dauer werden diese dann durch Metallhalterungen ersetzt."

Aufstallungsgebot – Tier- und Hygienemanagement

Auch die Mobilstallbetriebe mussten sich in der Wintersaison 2016/17 erstmalig im Rahmen der Aviären Influenza (Vogelgrippe, Geflügelpest) mit den nötigen Schutzmaßnahmen und der behördlich verhängten Aufstallungspflicht auseinandersetzen. Diese Maßnahme soll verhindern, dass das Nutzgeflügel sowohl mit lebenden Wildvögeln als auch mit deren Ausscheidungen in Berührung kommt. Beide nehmen bei der Verbreitung der AI-Viren eine zentrale Rolle ein. Es liegt in der Natur der Sache, dass außerhalb des Mobilstalles liegende Flächen durch überfliegende oder rastende Wildvögel mit deren Ausscheidungen (Kot) kontaminiert sein können.

Besondere Herausforderung für Mobilstallhalter

Ungewohnte Freiheitseinschränkung der Hennen

Dabei sind gerade die „Mobilisten" stark von einer Aufstallungspflicht betroffen. Die relativ kleinen Herden der Mobilställe frequentieren den Auslauf erfahrungsgemäß stärker als es die Hühner in den großen Freilandfestställen tun. Dies ist zunächst einmal positiv, entspricht es doch der Verbrauchererwartung und kommt dem natürlichen Verhaltensrepertoire der Legehennen sehr entgegen. Genau das aber stellt den Hühnerhalter aufgrund der ungewohnten Freiheitsbeschneidung seiner Hennen vor erhebliche Herausforderungen.

Frustrationsverhalten steigt

Tiere, die es gewöhnt sind, den Auslauf täglich zu nutzen und sich dort zu beschäftigen, haben diese Möglichkeit plötzlich nicht mehr. Die Hennen sind es gewöhnt, tagsüber an der frischen Luft umherzustreifen – und sind plötzlich auf engem Raum zusammengesperrt. Die Haltung in einer sehr reizreichen Umwelt im Auslauf wird abrupt in Stallhaltung mit **weniger Umweltreizen** und **höherer Besatzdichte** verändert. Durch Frustrationsverhalten können in solchen Phasen ungewollte Verhaltensweisen wie **Federpicken und/oder Kannibalismus** aufflammen. Dann ist schnelle Reaktion in Form von Gegenmaßnahmen erforderlich.

Ungünstiges Stallklima schadet Gesundheit

Hinzu kommen Probleme klimatischer Natur. Längst ist bekannt, dass ungünstiges Stallklima einen Einfluss auf Gesundheit und Befinden von Legehennen hat und in der Herde Stress erzeugt. Dies kann sich u. a. in unerwünschten Verhaltensweisen wie **Federpicken und Kannibalismus** äußern (s. Abb. 128).

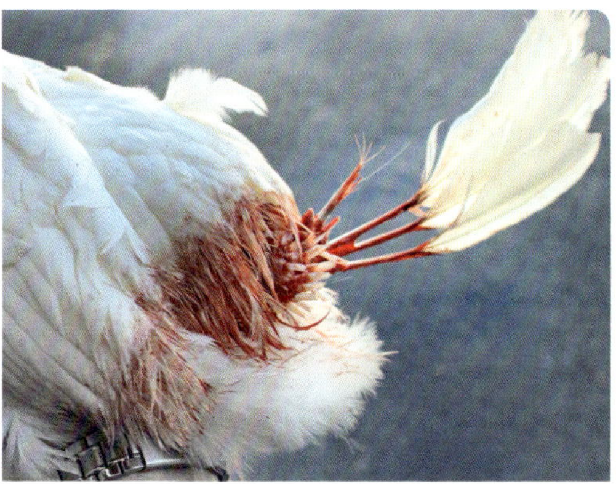

Abb. 128: Kannibalismus im Bürzeldrüsenbereich (Quelle: van der Linde).

Zwangslüftung verhindert Schadgase

In der Aufstallungsperiode 2016/17 häuften sich die Anrufe von ratsuchenden Mobilstallhaltern bei diversen Beratungsstellen. Hier fiel auf, dass vor allem jene Ställe betroffen waren, denen die Möglichkeit der Zwangslüftung fehlte. Kühle Außentemperaturen verbunden mit hoher Luftfeuchtigkeit in den Ställen erzeugt feuchte Einstreu und führt zu **höheren Schadgaswerte in diesen Ställen**.

Eine Henne gibt etwa 100 ml Wasser täglich durch die Atmung an ihre Umgebungsluft im Stall ab. Es ist physikalisch nachvollziehbar, dass bei niedrigen Außentemperaturen und fehlender Abfuhr dieses Wassers die Gesamtfeuchtigkeit im Stall steigt. Daher wird empfohlen, sich ausführlich mit der Möglichkeit der Zwangslüftung im gewählten Stallmodell auseinanderzusetzen.

Bauen Sie eine Zwangslüftung in Ihren Mobilstall ein – so ersparen Sie den Hennen im Falle eines Aufstallungsgebotes unnötige Schadgase im Stall.

Erleichterung für Tiere schaffen

Neben verschiedenen Beschäftigungsmaterialien, die man den Tieren zur Verfügung stellen kann, sollte man über den Stall hinaus abgesicherte Frischluftbereiche oder erweiterte Bewegungsflächen schaffen (s. Abb. 129). Viele Betriebe haben dies im Winterhalbjahr 2016/17 bereits in Eigeninitiative auf die ein oder andere Weise gelöst:

- Anbau von Folientunneln (s. Abb. 130)
- Anbau von Pavillons oder Zelten
- Mobilstall an eine leere Scheune/Halle (Festgebäude) umsetzen

Einigen Mobilhaltern war es aufgrund von örtlichen, behördlichen oder baulichen Gegebenheiten nicht möglich, zusätzliche Bewegungsflächen zu schaffen.

Abb. 129: Winterquartier im schneereichen Tirol: Eine innovative Idee von Matthias Mayr aus Kematen. Die Hennen werden durch einen Palettenzaun vor Wind geschützt, abgedeckt ist das Areal durch ein Netz, damit sind die Tiere vor dem Habicht geschützt. Ein Folientunnel bietet Schlechtwetterauslauf und ist vorbeugende Maßnahme wenn eine Stallpflicht vorliegt (Quelle: Mayr).

Sinn und Zweck dieser zusätzlichen Maßnahmen und Einrichtungen sind:
- Schaffen bzw. Beibehalten von Bewegungs- und Ausweichflächen
- den Wechsel in verschiedene Klimabereiche ermöglichen
- zusätzliche Beschäftigungsvarianten für die Tiere zur Verfügung stellen

Hygienezone bei fehlendem Vorraum

Verschiedene Mobilstallmodelle haben keine Übergangszone zwischen äußerer Stalltür und Tierbereich – es fehlt ein separater Vorraum. Infolgedessen muss sich der Stallbetreiber Gedanken machen, wie er seinem Veterinäramt gegenüber eine glaubhafte und praktikable Lösung für seine Hygienezone an jedem Stall dokumentieren kann. Da der übliche Vorraum fehlt, muss man eine Hygienezone vor dem Tieraufenthaltsbereich schaffen.

Die Hygienezone muss **folgende Voraussetzungen** erfüllen:
- geschützte Aufbewahrung* von Schutzkleidung (Arbeits-/Einweg-Overalls)
- separate Stallschuhe* inklusive Möglichkeit zur Desinfektion** oder Verwenden von stabilen Plastiküberziehern* (bei jedem Zutritt neue!)
- Möglichkeit zur Handdesinfektion (vor und nach jedem Stallzutritt)
- adäquate Möglichkeit zur Abfallentsorgung am Stall (Müllbeutelständer mit Deckel)*** plus Ersatzbeutel vor Ort*

---

* Box mit Deckel zur geschlossenen Aufbewahrung, gesichert gegen Öffnen durch Haus- oder Wildtiere (Hund, Katze, Waschbär, Dachs, Nager u. a.)

** aktive (=feuchte) Desinfektionswanne im unmittelbaren Zutrittsbereich des Stalles

*** zur Entsorgung von Plastiküberziehern, Einwegschutzanzügen, verschmutzten Eierpappen u. a.

Abb. 130: An den Mobilstall angesetzter Folientunnel aus dem Baumarkt (Quelle: van der Linde).

Für alle Gebrauchsmaterialien (Schutzkleidung, Desinfektionsmittel, Müllbeutel) am Stall muss man rechtzeitig für Ersatz sorgen.

Weitere Hygienemaßnahmen im Betrieb

1. Zugangsbeschränkung:
   - für Haustiere (Hunde, Katzen, Ziegen, Schafe)
   - für jeglichen Besucherverkehr
   - Ausnahmen: Kontrollbehörden, Tierarzt, Fängerkolonnen
2. Jeder Tierbetreuer (Stallpersonal) ist/wird in Hygiene- und Biosicherheitsmaßnahmen eingewiesen. Er kennt den Inhalt der Checkliste zur Vermeidung der hochpathogenen Aviären Influenza des Friedrich-Löffler-Instituts (FLI-Checkliste).
3. Einstreu- und Beschäftigungsmaterialien für die zusätzlich geschaffenen Aufenthalts- und Bewegungsbereiche werden „Wildvogel unzugänglich“ gelagert.
4. Kontakt zu Fremdgeflügelhaltungen außerhalb des Betriebes sollte aus Gründen des betrieblichen Eigenschutzes unterbleiben. Allein der Besuch eines Betriebes, der einen Tag später „positiv“ getestet wird, gefährdet den eigenen Geflügelbestand. Denn ob selbst positiv oder nicht: Als Kontaktbetrieb wird der Geflügelbestand des Besuchers in fast allen Fällen zur Vorkehrung einer weiteren Verschleppung der Erreger ebenfalls getötet.

Besonderheiten der mobilen Haltungssysteme während Aufstallungsgebot

- Mobile Systeme werden mit und ohne Bodenplatte angeboten.
- Manche Mobilställe haben Scharrbereiche mit und ohne Bodenplatte.
- Mobile Systeme gibt es mit und ohne Übergangsbereich innen/außen (Vorraum).

Was tun bei fehlender fester Bodenplatte?

In Ställen und zusätzlichen Bewegungsbereichen ohne feste Bodenplatte kommt das Nutzgeflügel mit dem naturgewachsenen Boden und dessen Bewuchs (Grasnarbe) in Berührung. Aus diesem Grund ist während der verordneten Stallhaltungsphase bei fehlender Bodenplatte im Mobilstall ein **Versetzen aus hygienischen Gründen nicht möglich**. Dies vor allem dann, wenn die Schaffung zusätzlicher Beschäftigung (frischer Weideuntergrund) beabsichtigt ist.

Empfehlungen:

- In Zeiten längerfristiger Aufstallungspflicht kann es Sinn machen, den Mobilstall in einer technisch praktikablen Größenordnung auf befestigten Hofflächen zu betreiben. Wird hier ein zusätzlicher Bewegungsbereich für die Tiere geschaffen, muss man den befestigten Untergrund mit geeigneten Desinfektionsmitteln und unter Einhaltung von Einwirkzeiten und Anwendungstemperaturen desinfizieren.
- Das seitliche Einfließen von Regenwasser ist zu unterbinden. Auch hier muss man eine Hygienezone einrichten und Zutritt von Fremdpersonen unterbinden.
- Ist eine Aufstallungspflicht aufgrund der allgemeinen Seuchenlage zeitnah zu erwarten, sollte man den Mobilstall in der Nähe des Weidenzugangs („Winterstandort“) betreiben bzw. baldmöglichst platzieren.

In beiden Empfehlungsfällen verkürzt sich der Weg zum Stall und reduziert die zu erwartende Kontamination des Betreuers und der Geräte (Karren, Traktorbereifung o. ä.) mit Ausscheidungen von Wildvögeln.

Hygieneregeln:

Sowohl die Bewegungsfläche als auch der Übergang (Schleuse) zur zusätzlichen Fläche muss

- gegen das seitliche Eindringen von Wildvögeln abgedichtet sein (Maschenweite max. 2,5 cm),
- gegen Koteintrag von Wildvögeln nach oben geschlossen sein (Dach, Plane, Folie).

Gibt es keine geschlossene Bodenplatte/Bewegungsfläche unter oder neben dem Mobilstall, muss man den Mobilstall ab Beginn der Aufstallungspflicht standortfest betreiben.

Bei nicht vorhandener Bodenplatte ist in jedem Fall zu gewährleisten, dass **keinerlei Regenwasser** vom Außenbereich in den Scharrbereich einsickern oder eindringen kann. Dies kann in Hanglagen verbunden mit starken Regenfällen und durch verdichteten Bodenbereich (Pfützen) oder bei Regenfällen und nach Schneefallphasen das an der Dachfolie herabrinnende Wasser/Tauwasser sein. Der Tierhalter muss bereits vor eventuellen Niederschlägen (Regen, Hagel, Schnee) entsprechende Vorkehrungen treffen.

Gute Vorbereitung minimiert den Stress bei Tier und Mensch

Es ist damit zu rechnen, dass es sich bei der Situation um die Jahreswende 2016/17 nicht um ein einmaliges Geschehen handelt. Der jährlich wiederkehrende Wildvogelzug und die immer gründlicheren Monitorings und Untersuchungsmethoden werden für ein rasches Erkennen verschiedener Stämme der Aviären Influenza sorgen. Entsprechende Maßnahmen des Gesetzgebers zum Schutz der Hausgeflügelbestände werden folgen.

Treffen Sie frühzeitig und zum richtigen Zeitpunkt alle Vorbereitungen für das nächste Aufstallungsgebot.

Aus diesem Grund ist es von Vorteil, wenn sich der mobile Geflügelhalter bereits vorab gut auf diesen Ernstfall einstellt und seine betrieblichen Gegebenheiten darauf ausrichtet.

Auch der Betreiber des kleinsten Mobilstalles sollte sich in Eigeninitiative frühzeitig entsprechende **Bio-Sicherheits-Checklisten** des Friedrich-Löffler-Institutes (FLI) beschaffen und inhaltlich damit auseinandersetzen. Ein frühzeitiges Beschaffen aller benötigten Materialien zur Beschäftigung der Tiere oder baulichen Maßnahmen zusätzlicher Bewegungsfläche reduziert den Stress des Hühnerhalters. Fast immer kommt eine behördlich verordnete Aufstallungspflicht in Zeiten, in denen der Betrieb zusätzliche Arbeit keinesfalls gebrauchen kann.

Das Erstellen eines schriftlichen Notfallplanes mit Arbeitsabläufen und Unterweisungsunterlagen für tierbetreuendes Personal hilft im Ernstfall nicht nur dem Hühnerhalter. Es zeigt seiner Überwachungsbehörde, dass er sich seiner Verantwortung als Tierhalter bewusst ist und seinen Seuchenschutz gut vorbereitet hat.

6 Fütterung

Eigenmischung

Direktvermarkter von Eiern und Geflügelfleisch fragen sich oft, ob zugekauftes Fertigfutter oder selbstgemischtes Futter besser ist. Entscheidungskriterien für die Eigenmischung sind meist das Einsparen von Zukauffuttermitteln und auch ein zusätzliches Verkaufsargument gegenüber dem Kunden, wenn man das Futter „auf dem Hof" selbst mit überwiegend heimischen Futtermitteln hergestellt hat. Für Fertigfutter spricht hingegen die Praktikabilität, denn es ist insbesondere für Kleinmengen so praktisch und erfordert weder Mahl- und Mischtechnik noch einen Lagerraum für die Futtermittelkomponenten oder zusätzliche Arbeitszeit auf dem Betrieb.

Welche Futtermittel sind geeignet?

Mögliche Bestandteile wie Mais, Weizen und Gerste eignen sich als kohlenhydratreiche Futtermittel für alle Geflügelarten, sei es für Puten, zur Mast von Hähnchen oder für die Haltung von Legehennen. Dabei ist **Mais für Geflügel optimal**. Er hat mit 13,4 MJ umsetzbarer Energie (MJ ME) die höchste Energiestufe, besitzt eine gute Stärkestruktur sowie einen positiven Einfluss auf die Dotterfarbe. Auch **Gerst**e, die in letzter Zeit oftmals in Geflügelmischungen vernachlässigt wurde, ist ein ausgezeichneter Energiespender mit einer guten Rohfaserstruktur. **Weizen** ist ebenfalls ein hervorragender Energielieferant. Auf Triticale und Roggen sollte am besten gänzlich verzichtet werden.

Zusammensetzung

Mais sollte mit 30–40 % als Hauptanteil in jeder Mischung vorhanden sein. Es folgt Weizen mit 20–30 %, anschließend Gerste mit bis zu 15 %. Dieses gilt für die Mischung in der Legehennenhaltung und gleichfalls für die Geflügelmast.

Hochwertiges Eiweiß

Geflügel verbringt in freier Wildbahn bis zu 12 h mit der Futtersuche. Daher dürfen hochwertige Eiweißkomponenten in der Ration nicht fehlen. Es gibt Eiweiße pflanzlicher und tierischer Herkunft. Das bekannte **Sojaextraktionsschrot** besitzt mit rund 41–48 % Rohprotein (Standard- bis High-Protein-Soja) einen hohen Anteil an Lysin. Dies ist eine wertvolle Aminosäure und daher in fast jeder konventionellen Zukaufmischung vorhanden. Die Sojabohne besitzt zudem einen Hemmstoff, der wiederum durch Erhitzen aufbereitet werden muss. Man muss sich also überlegen, ob andere Eiweißquellen nicht auch gleichwertig geeignet sind.

Fisch-, Blut- und Fleischknochenmehl sind tierische Eiweißquellen, die ernährungstechnisch hervorragend geeignet sind und waren, aber leider durch die BSE-Problematik in Verruf geraten sind. Hochwertiges Fischmehl und Hämoglobinpulver sind exzellente Eiweißträger und haben nach wie vor ihre Daseinsberechtigung in optimalen Futtermischungen.

Alternativ zu diesen Eiweißen können **Magermilch-, Molken- und Eipulver** und insbesondere Bierhefen verwendet werden. **Bierhefe** ist eine sehr interessante Eiweißquelle. Sie hat ca. 40 % Eiweiß, wertvolle Aminosäuren, viele B-Vitamine und wertvolle Spurenelemente. Sie kann zu 2–3 % und Milch-/Molkenpulver zu 2 % in jeder Mischung – ob Mast- oder Legerichtung –, zum Einsatz kommen.

Sonnenblumenkuchen bzw. **Sonnenblumenextraktionsschrot** hat in letzter Zeit in der Geflügelfütterung sehr an Popularität gewonnen. Es hat einen hohen Methioningehalt, eine sehr gute Rohfaserstruktur und einen guten Eiweißgehalt. Je nach Fütterungsrichtung sind 5–10 % des Sonnenblumenkuchens gut zu verwenden. Den Legehennen können ganze Sonnenblumenkörner in die Einstreu (2–5 g pro Tier und Tag) verfüttert werden und dies insbesondere in der kalten Jahreszeit.

Energiegehalt

Geflügelfutter variiert in seinem Energiegehalt erheblich. So hat ein Legehennen-Alleinfutter 11,4–11,6 MJ ME. Diese Energie wird unter anderem durch pflanzliches Öl zugeführt. **Leinöl, Sojaöl und Sonnenblumenöl** sind die Öle/Fette, die ein Geflügelfutter im Energiegehalt aufwerten. Dabei spielt auch das Fettsäuremuster eine wichtige Rolle. Langkettige, ungesättigte Fettsäuren sind wertvoller als kurzkettige. Langkettige und ungesättigte Fettsäuren, sogenannte Omega-3-Fettsäuren können über das Blut in den Dotter transportiert werden und der Dotter reichert sich mit diesen hochwertigen Fetten an. So gibt es sogenannte „Omega-3-Eier“, die als Nischenprodukt oft höhere Preise erzielen.

Mineralstoffe, Vitamine und Co.

Den wirtschaftseigenen Futtermitteln und den Eiweiß- und Energiefuttermitteln müssen noch Mineralstoffe, Vitamine, Mengen- und Spurenelemente zugeführt werden. Dies erfolgt zumeist in Form von Vormischungen. Während Legehennen-Alleinmehl bis zu 8 % kohlensauren Futterkalk aufweist, haben Mastfuttermittel nur relativ geringe Kalkanteile von 2–3 %. Wird ein Legehennen-Alleinmehl an Mastgeflügel verfüttert, so ist dies zwar nicht schädlich, dennoch bekommen die Jungmasttiere durch den hohen Kalziumgehalt Durchfall, der Stall wird feucht und die Tiere könnten austrocknen. Auch ein Futterwechsel bei den Junghennen auf Legefutter sollte aufgrund dieses Phänomens ganz langsam und mit einer Futterverschneidung erfolgen.

Futterrezepturen

Im Folgenden ein **Beispiel für ein ausgewogenes Legehennen-Alleinmehl**, das grob geschrotet verabreicht werden kann. Von Vorteil ist, dass die Tiere die Futtertröge täglich leer fressen, damit auch die feinen Futterbestandteile aufgenommen werden, die oft wichtige Mineralstoffe, Vitamine und Spurenelemente enthalten.

Futtermischung für Legehennen mit 17 % Rohprotein und 11,6 MJ ME

- Mais: 40 %
- Weizen: 15 %
- Gerste: 5 %
- Sojaextraktionsschrot: 12 %
- Sonnenblumenschrot: 12 %
- Bierhefe: 3 %
- Sojaöl: 3 %
- Steinkalk: 8 %
- Mineral- und Vitaminvormischung: 2 %

Summe: 100 %

Diese Eigenmischung ließe sich auch an Masthähnchen und Mastputen verfüttern, wenn der Steinkalk auf 2 % reduziert und dafür die Getreideanteile dementsprechend erhöht werden. Legehennen brauchen zur Eischalenbildung einen höheren Kalkanteil. Austernschalen bzw. Muschelschalen liefern ebenfalls diesen Kalk und weitere wichtige Mineralstoffe und Spurenelemente. Diese Produkte sind im Landhandel erhältlich. Man kann sie abends breitwürfig in die Einstreu gegeben.

Die Hühner haben dadurch Beschäftigung und verdauen nachts den Muschelkalk zum Aufbau ihrer Eischale, die nur nachts gebildet wird.

Keimgetreide

Will man seinen Tieren etwas Gutes tun, wird Keimgetreide angesetzt: trockenes Getreide mit Wasser über Nacht aufquellen lassen, Restwasser entfernen und Getreide in 10–15 cm Schütthöhe für 24 h aufkeimen lassen. Wenn der Keim die Schale durchbricht, kann das Getreide verfüttert werden.

Keimgetreide ist ein natürliches und hochwertiges Futtermittel, das sie mit etwas Aufwand selber herstellen können.

Vorteile

Aus der Stärke sind leicht verfügbare Zucker geworden. Während des Keimprozesses sind hochwertige Eiweiße und Vitamine entstanden. Das Keimgetreide ergibt ein vollwertiges und schmackhaftes Futter, das man im Sommer draußen und im Winter im Heizungskeller täglich frisch zubereiten kann. Wer den Aufwand nicht scheut, wird erkennen, dass durch diese Fütterung eine hohe biologische Leistung erzielt werden kann.

Kräuter und Essenzen

Kräuter wie **Zwiebel, Schnittlauch und Knoblauch** haben einen hohen Anteil ätherischer Öle, die antimikrobiell wirken – quasi ein stückweit Antibiotikaersatz. Eine Knoblauchzehe in Öl ausgedrückt und diese Mischung mit Futter vermengt ist gesund für die Tiere. Eier oder Fleisch werden durch den Knoblauch weder geruchlich noch geschmacklich beeinträchtigt. **Oregano, Rosmarin, Thymian, Zimt und Vanille** besitzen ebenfalls ätherische Öle mit natürlicher antimikrobieller Wirkung. Oreganum vulgaris (Oregano bzw. Pizzagewürz) findet sich bei manchen Futtermischungen mit 300–500 g auf 100 kg. Es erhöht die Fresslust und die Gesundheit und kann in höheren Gaben sogar Kokzidien und die Schwarzkopfkrankheit bekämpfen.

Feuchtfutter, das mit **Essig** angefeuchtet wurde, fördert die Tiergesundheit. Gibt man dem Feuchtfutter Milch zu und verfüttert es frisch, erhöht sich der Anteil essentieller Aminosäuren.

Eigenmischungen für Hähnchen und Puten

Das folgende Rationsbeispiel gilt für den Fall, dass kein pelletiertes Zukauffutter erwünscht ist und man auf eine hochwertige Eigenmischung speziell für Masthähnchen und Mastputen setzen möchte:

Futtermischung für Mastgeflügel mit ca. 20 % Rohprotein und 13,4 MJ ME

- Mais: 40 %
- Weizen: 27 %
- Gerste: 5 %
- Sojaextraktionsschrot: 20 %
- Bierhefe: 3 %
- Sojaöl: 2 %
- Mineral- und Vitaminvormischung: 2 %

Summe: 100 %

Futtermischung für Mastgeflügel – ohne Mais – mit ca. 20 % Rohprotein und 11,4 MJ ME

- Weizen: 60 %
- Gerste: 15 %
- Sojaextraktionsschrot: 20 %
- Öl: 3 %
- Vormischung: 2 %

Summe: 100 %

Diese Grundmischungen lassen sich mit Keimgetreide und Kräutermischungen verfeinern – auch für Mastgeflügel.

Zusammenhang zwischen Futter und Federpicken

Es tritt zunehmend die Frage auf, ob Federpicken mit der Fütterung zusammenhängt. Natürlich beeinflusst die Fütterung und die Beschäftigung der Tiere, ob sie sich aus Mangel oder Stress die Federn ausreißen. Die Feder besteht aus Methionin, einer essenziellen Aminosäure. Daher müssen hochwertige Aminosäuren gefüttert werden. In tierischen Eiweißen und in Bierhefe ist Methionin enthalten. Darüber hinaus darf das Geflügel sich nicht langweilen und sollte gute Rohfaser zu sich nehmen. Daher sollten z. B. Sonnenblumenkuchen, Luzernegrünmehl in Ballen, frisches Gras oder Klee in Raufen zur Verfügung stehen.

Besteht ein akutes Problem mit Federpicken im Bestand, verfüttert man am besten neben den oben genannten Maßnahmen zusätzlich noch preisgünstige Pflanzenmargarine – einfach den Deckel öffnen und in den Tierbestand stellen. Warum gerade Margarine wirkt, ist nicht abschließend geklärt. Es könnte an den Fetten bzw. Fettsäuren liegen oder am Salzgehalt der Margarine.

Kochsalz bzw. Natriumchlorid (NaCl) sollte in keiner Eigenmischung fehlen. Entweder ist das Salz bereits in der Vormischung enthalten oder muss ergänzt werden. Grundsätzlich wird in der Alleinmischung insgesamt mit 0,15–0,17 % NaCl gerechnet.

Fazit zur Eigenmischung

Es gibt Befürworter und Skeptiker von Eigenmischungen. Befürworter sind diejenige, die die Rohkomponenten sehen, fühlen und riechen und nur das Beste in einer Mischung zusammenstellen. Sie lehnen Mühlennachprodukte und pelletierte Futterpellets ab. Den Gegnern von Eigenmischungen ist der Aufwand für die Futterzubereitung zu hoch und sie vertrauen dem Standard-Mahl- und Mischprozess der Futtermühlen. Langjährige Erfahrungen zeigen jedoch, dass eine optimale Mischung aus einem nativen Getreide und einer natürlichen Proteinquelle besteht.

Dabei hat die etwas teurere Bierhefe beweisbare nutritive Eigenschaften, die diese Eiweißquelle zu einer Besonderheit macht. Keimgetreide und Kräutermischungen kann man machen, muss man aber nicht. Beide Wirkweisen sind unumstritten, aber mit einem erheblichen Arbeitsaufwand verbunden.

Jeder Geflügelhalter entscheidet betriebsindividuell selbst. Bei knapp zur Verfügung stehender Arbeitszeit sind Mischfuttermittel als Zukauffutter immer „die bessere Lösung“. Eigenmischungen basieren meistens auf Natürlichkeit, können den Geldbeutel entlasten und dem Eigenmischer ein klar definiertes Mischfutter veranschaulichen. Man sollte selbst abwägen, wie viel einem die Eigenmischung wert ist.

Viel wichtiger ist jedoch, dass das **Geflügel ein Allesfresser** ist, das abwechslungsreich gefüttert und beschäftigt werden muss. Dabei spielt der richtige Umgang mit Eiweiß eine tragende Rolle. Nach dem Motto „viel hilft viel“ ist gerade bei Rohprotein nicht zu punkten, oft ist weniger mehr, wenn gute und essenzielle Eiweiße verwendet werden sollen. Wer qualitativ hochwertiges Fleisch oder Eier erzeugen will braucht ein „Top-Futter“ – eine Eigenmischung, ein Ergänzungsfuttermittel zur Eigenmischung oder ein zugekauftes Alleinfuttermittel.

7 Genehmigungsverfahren für Mobilställe

Auch wenn die mobile Geflügelhaltung mit oft 100–300 Stallplätzen als geringe Einstiegsgröße noch so klein und idyllisch erscheinen mag, sie unterliegt dennoch einem Genehmigungsverfahren.

Egal wie klein Ihr Mobilstall ist – er unterliegt einem Genehmigungsverfahren!

In einigen Bundesländern wird bereits für eine Verfahrensfreiheit, sprich Genehmigungsfreiheit, für Ställe bis 450 m³ umbauter Raum diskutiert (das entspricht einer Stallgröße von etwa 1000 Stallplätzen). Dennoch muss auch weiterhin die Haltung des Geflügels im Mobilstall dieser Größenordnung genehmigt werden, falls eine Überprüfung durch die zuständige Behörde erfolgt.

Verfahrensfreiheit bedeutet nicht automatisch Rechtsfreiheit! Die Verantwortung der Ordnungsmäßigkeit wird hier also nicht aufgehoben, sondern lediglich von der Bauaufsichtsbehörde auf den jeweiligen Halter verschoben. In den folgenden Kapiteln soll veranschaulicht werden, was man im Genehmigungsverfahren berücksichtigen muss und was auch in Zeiten einer verabschiedeten Verfahrensfreiheit nach wie vor zu beachten ist.

Privilegierung

Die Rechtsgrundlage der Privilegierung (Erlaubnis), im Außenbereich eines Dorfes einen Mobilstall aufzustellen, ist im Baugesetzbuch (BauGB) verankert. Dort ist zunächst der Begriff der Landwirtschaft definiert. Insbesondere Landwirte gelten als privilegiert, im Außenbereich Ställe zu errichten oder aufzustellen, falls kein erheblicher Grund dagegenspricht. Dort heißt es im § 201:

„Landwirtschaft im Sinne dieses Gesetzbuches ist insbesondere der Ackerbau, die Wiesen- und Weidewirtschaft einschließlich Tierhaltung, soweit das Futter überwiegend auf den zum landwirtschaftlichen Betrieb gehörenden, landwirtschaftlich genutzten Flächen erzeugt werden kann, die gartenbauliche Erzeugung, der Erwerbsobstbau, der Weinbau, die berufsmäßige Imkerei und die berufsmäßige Binnenfischerei."

Der § 35 ist elementar wichtig für das Vorhaben Mobilstall, da in Absatz 1 der eigentliche Außenbereich definiert wird:

„Im Außenbereich ist ein Vorhaben nur zulässig, wenn öffentliche Belange nicht entgegenstehen, die ausreichende Erschließung gesichert ist und wenn es

1. einem land- oder forstwirtschaftlichen Betrieb dient und nur einen untergeordneten Teil der Betriebsfläche einnimmt,

[…]."

Zentrale Hofstelle

Eine zentrale Hofstelle muss dabei vorhanden sein, die klar zu erkennen ist. Zentral heißt hier nicht unbedingt eine zentrale Dorflage. Natürlich werden auch sogenannte Aussiedlerhöfe als Hofstelle anerkannt. Die Bewirtschaftung des Betriebes muss eigenverantwortlich erfolgen, und eine angemessene eigene Mechanisierung muss zur Verfügung stehen.

Eindeutige Zuordnung zum Betrieb

Die Zuordnung des Stalles zum Betrieb (räumlich und/oder funktional) sollte ersichtlich sein. Eingebunden in eine räumliche Nähe, wie auch immer diese definiert wird, und eine funktionale Einbindung sollte dann gegeben sein, wenn der Standort im Außenbereich etwa bis 1000 m von der Hofstelle entfernt liegt, und die Herstellung oder Lagerung der Betriebsmittel auf der Hofstelle erfolgen. Ebenso erfolgt der Verkauf der Eier direkt auf dem Hof oder in Sichtweite direkt am Standort des Stalles.

Auf Dauer mit Gewinnerzielungsabsicht

Landwirt im Sinne des Baugesetzbuches ist, wer einen landwirtschaftlichen Betrieb auf Dauer mit Gewinnerzielungsabsicht führt. Das Merkmal „auf Dauer" setzt voraus, dass ein dauerhafter Zugriff auf die geplanten Standortflächen besteht. Das gilt auch für etwaige Pachtflächen. Der Anteil des **Eigentumkerns** muss ausreichend sein. Ein unmittelbarer, langfristiger Zugriff kann bei eigenen Flächen natürlich unterstellt werden. Pachtverhältnisse gelten als dauerhaft, wenn Pachtlaufzeiten mindestens 12 Jahre ausmachen. In der Praxis sind solche Pachtverträge nicht oder nur vereinzelnd zu bekommen. Hier kann jedoch bei einer historischen stetig wiederholten Neuverpachtung an den jeweiligen Antragsteller eine nachhaltige Laufzeit der Verpachtung, sprich langfristiger Zugriff auf die Futterflächen angenommen werden.

Eine gewisse Gewinnerzielungsabsicht ist bei Neugründungen mit einem Betriebskonzept bzw. einer Wirtschaftlichkeitsberechnung darzulegen. Je kleiner der Betrieb, desto wesentlicher ist das Kriterium „Gewinn". Hier soll eine gewisse Ernsthaftigkeit im Vorhaben zu erkennen sein.

Futtergrundlage

Ebenfalls wäre mit einem Nachweis der Hofnachfolge die Dauerhaftigkeit des Betriebes belegbar. Eine elementare Voraussetzung ist weiterhin, dass so viele Flächen selbst bewirtschaftet werden, um die sogenannte **Futtergrundlage** des oder der Ställe zu gewährleisten. Diese Futtergrundlage für einen geplanten Tierbestand beinhaltet, dass mehr als die Hälfte dessen, was die Tiere an Futter (ausgedrückt als Energiebedarf) benötigen, selbst auf diesen Flächen erzeugt werden könnte. Dieses muss lediglich rechnerisch und nicht faktisch möglich sein. Ein vollständiger Zukauf des Legehennen-Alleinfutters ist demnach möglich, müsste aber zu 51 % von den vorhandenen Flächen erzeugbar sein.

Futtergrundlage erwirtschaften – ein Beispiel

Ein Mobilstall mit 300 Stallplätzen in der Legehennenhaltung benötigt bei einem Futteraufwand von 47 kg je Legehenne und Jahr etwa 14 235 kg bzw. 142 dt eines Alleinfutters. Bei einem unterstellten Energiegehalt eines handelsüblichen Legehennenfutters von 11,4 MJ ME je 100 kg (Dezitonne) ergäbe sich ein Jahresbedarf von 1619 MJ ME. Davon muss der Landwirt über die Hälfte (51 %) theoretisch auf den Flächen ernten, auf die er langfristig Zugriff hat. Das ergäben dann etwa 825 MJ ME.

Nun wäre es ja sinnig, das energiereichste und zur Tierart passende Futtermittel zu wählen – also den Körnermais. Somit ließe sich der Flächenbedarf so niedrig wie möglich halten. Das ist aber nach derzeitiger Verfahrensweise nicht möglich, weil in der landwirtschaftlichen Nutzung von Ackerflächen bereits ab – 10 ha = zwei Kulturen,
- 15 ha = ökologische Vorrangflächen und ab
- 30 ha = drei Kulturen angebaut werden müssen.

Somit ist es folgerichtig, einen zweiten zum Tier passenden Rationsbestandteil anzubauen. In diesem Fall wäre der Weizen mit einem angenommenen Energiegehalt von 13,8 MJ ME je Dezitonne das geeignete zweite Futtermittel für die Futtergrundlage. Weizen steht zur Hälfte des Jahresbedarfes zur Verfügung. Unterstellen wir für nun dem Körnermais eine Energiedichte von 14,4 MJ ME je Dezitonne, dann ergibt sich folgende Berechnung:
- 825 MJ zu erzeugendes eigenes Futter mit
- 413 MJ aus Mais mit 14,4 MJ ME/dt = 29 dt Mais
- 412 MJ aus Weizen mit 11,8 MJ ME/dt = 35 dt Weizen

Es kann ein mittleres Ertragsniveau von 100 dt Mais und 75 dt Weizen je Hektar angenommen werden. Daraus ergäbe sich ein Flächenbedarf von 0,29 ha Mais und 0,47 ha Weizen mit einer Gesamtfutterfläche von 0,76 ha, um ein theoretisches Futteraufkommen von 51 % auf eigener Fläche zu produzieren. Dieses ist als minimal zu bezeichnen und stellt lediglich ein Teilstück eines üblichen Flurstückes dar.

Eine Faustregel besagt: rund 2,5 ha Flächenbedarf für 1000 Legehennen

Vermarktung

Weiterhin hat eine überwiegende Vermarktung der Produkte zu erfolgen. Dies sollte eigentlich die kleinste Hürde im Vorhaben eines Mobilstalles darstellen. Insbesondere im „Konzept" Mobilstall ist die Direktvermarktung das gängige Mittel der Wahl und setzt bis auf eine geringe Privatentnahme die überwiegende Vermarktung der Eier voraus.

Wollen Sie lediglich ein Hobby betreiben, wird es mit der Genehmigung für einen Mobilstall schwer.

Erwerbszweck

Der eigentliche Erwerbszweck muss ersichtlich sein (keine Liebhaberei oder Hobby).

Es versteht sich von selbst, dass der Mobilstall im Außenbereich in die Landschaft zu integrieren ist, und auch nur dann geduldet wird. Nur allzu oft haben Tiere in einer Größenordnung, die eher als Hobby als nach einer ernstzunehmenden Einkommensquelle, für Ställe oder gar für später geplante Aussiedlungen „herhalten" müssen. Auch 300 Legehennen erscheinen zunächst zu dieser Größenordnung zu gehören. Eine Investitionssumme von mindestens 35 000 €, ein Monatseinkommen von etwa 1000 €o und eine Stundenentlohnung von ebenso mindestens 20 € je Arbeitskraftstunde können jedoch nicht der Liebhaberei oder Hobbyhaltung zugeordnet werden.

Unmittelbare Bodenertragsnutzung

Das Vorliegen einer unmittelbaren Bodenertragsnutzung (flächengebundene Produktion), auch Weide- und Wiesenwirtschaft, ist weiterhin zu beachten. Hier muss also zu erkennen sein, das eine stetige, unmittelbare Bodenertragsnutzung erfolgt, die also nicht nur den reinen Ackerbau, sondern auch die Weide- und Wiesenwirtschaft beinhaltet.

Ausreichende Sachkunde

Sind Sie Landwirt und haben bisher keinerlei Erfahrungen mit der Tierhaltung, kann die zuständige Behörde einen Sachkundelehrgang verlangen.

Der Antragsteller muss über die ausreichende Sachkunde verfügen. Das heißt: Grundsätzlich wird einer Ausbildung zum Landwirt eine Sachkunde auch in der Tierhaltung unterstellt und gilt daher als ausreichend. Die zuständige Behörde, hier zumeist das Veterinäramt, kann aber auch von einem Landwirt einen gesonderten Sachkundelehrgang verlangen, wenn aufgrund der bisherigen Betriebsform eine Tierhaltung nicht vorhanden war. Oft hat die Geflügelhaltung in der Berufsausbildung einen nur kleinen Stellenwert eingenommen. Insbesondere das tierschutzgerechte Nottöten von Geflügel muss exakt durchgeführt und erlernt sein. Eine Teilnahme an solchen Sachkundelehrgängen ist in Niedersachsen bei der Landwirtschaftskammer sowie einigen anderen Bundesländern (z. B. BY, HE, NRW) möglich.

Angemessenes Verhältnis zur landwirtschaftlichen Betätigung

Das Vorhaben muss nach Art und Umfang in einem angemessenen Verhältnis zur landwirtschaftlichen Betätigung stehen. Sicher sind Legehennenhaltung und Eiererzeugung Arten landwirtschaftlicher Betätigung und auch die Größe der meisten Mobilställe steht mit landwirtschaftlicher Betätigung in einem Verhältnis. Dennoch muss die Branche Entwicklungen beobachten und manche Fragen regelmäßig prüfen: werden Mobilställe zum Ersatz für Feställe? Sind die Einheiten so groß, dass Sie Quelle für hohe Emissionen sind?

Emissionen

Ein nächster Punkt, den es im Rahmen eines Genehmigungsverfahrens zu berücksichtigen gilt, sind Emissionen. Hier gelten die gleichen Rechtsgrundlagen wie zur Genehmigung eines Feststalles.

Geruch

Zur Ermittlung des Mindestabstandes zur nächsten Wohnbebauung gelten folgende Bezugsgrößen:
- Tierplatzzahl, Haltungssystem
- Windrichtungshäufigkeiten, Ausrichtung der Bebauung
- Gebietscharakter der Bebauung
- Hedonikfaktor (Geruchsempfindung)

Grundlagen sind u. a.:
- VDI-Richtlinie 3894 Blatt 1 und Blatt 2
- KTBL-Arbeitspapier 126 (kleine Bestände unter 10 Großvieheinheiten)
- Geruchsimmissionsschutzrichtlinie (GIRL)
- TA Luft

Mit der VDI-Richtlinie 3894 Blatt 2 lässt sich ein Mindestabstand des Stalles zur nächsten Wohnbebauung berechnen. Hierzu sind die örtlichen Wetterdaten beispielsweise vom Deutschen Wetterdienst heranzuziehen, um die Windrichtungen und deren Häufigkeitsverteilung zu erhalten. Ergänzend dazu wird die Einheit der sogenannten Großvieheinheiten (GV) benötigt (1 Großvieheinheit = 500 kg Lebendmasse). Abschließend werden noch der tierartspezifische Geruch und ein eventuell notwendiger Zusatzabstand herangezogen.

Beispiel mit einem 300er-Mobilstall

Legehennen erhalten nach dem Großvieheinheitenschlüssel der VDI 3894 einen GV-Wert von 0,0034. Eine Großvieheinheit ist mit 500 kg Lebendmasse definiert. Bei einem angenommenen Gewicht einer Legehenne von 1,7 kg dividiert durch 500 kg Lebendmasse ergibt sich eben dieser Wert. Multipliziert man den GV-Wert von 0,0034 je Legehenne mit der Anzahl von 300 Legehennen, erhält man einen Wert von 1,02 GV.

In Anlehnung an die VDI 3894 Blatt 2 heißt das z. B.:
- Geruchsfreisetzung von 42 GE/s und GV,
- Windhäufigkeit der Hauptwindrichtung von 40 Promille (0,4 %) der Jahresstunden
- Zusatzabstand von 10 m für den Stall

Daraus ergibt sich ein Abstand zu einem Wohngebiet von 76 m und zu einem Dorfgebiet von 60 m. Voraussetzung in diesem Beispiel ist, dass es keine Vorbelastung durch bereits bestehende Tierhaltungen gibt.

Ammoniak

Um den Mindestabstandes z. B. zu Wald, empfindlichen Pflanzen oder Ökosystemen zu ermitteln, gelten folgende Bezugsgrößen:
- Tierplatzzahlen
- NH_3-Emissionsfaktoren

Grundlage: u. a. TA Luft

Nach der VDI 3894 werden pro Stallplatz und Jahr in der Legehennenhaltung im ungünstigsten Fall 0,3157 kg NH_3/kg freigesetzt. Laut TA Luft (Anhang 1) ergibt sich hieraus ein gegenüber Pflanzen und Ökosystemen einzuhaltender Mindestabstand von ca. 60–65 m.

Staub

Die Staubbelastung kann vernachlässigt werden, da es eine Irrelevanzschwelle von 0,14 kg PM_{10}/h gibt (PM_{10} = Standardgröße für Feinstaub „**p**articular **m**atter“). 300 Legehennen in Boden- und Volierenhaltung produzieren lediglich 0,0053 kg PM_{10}/h. Richtwerte für die Freilandhaltung gibt es nicht.

Nährstoffe

Im Genehmigungsverfahren ist vom Bauherren der Nachweis zu erbringen, dass die mit der Tierhaltung anfallenden Nährstoffe dauerhaft ordnungsgemäß gelagert und verwertet werden. Das sogenannte Verwertungskonzept wird von der Genehmigungsbehörde gefordert und von der Düngebehörde geprüft und freigegeben.

Dieser Nachweis besteht aus:
- qualifiziertem Flächennachweis
- Lagerraumnachweis, Mistplatte!
- eventuell einem Abgabevertrag

Grundlagen sind:
- Runderlass zur Verbesserung der düngerechtlichen Überwachung durch Zusammenarbeit zwischen Genehmigungsbehörden und Düngebehörde
- Mistzwischenlagerungserlass
- Düngeverordnung
- Bundesanlagenverordnung (AwSV)

8 Der Mobilstall in der Vergangenheit

Erinnerungen der Geflügelberaterin Edelgard Freiin von Gloeden (*1930 – †2012)

„Der mobile Geflügelstall ist keine Erfindung der Neuzeit. Bereits vor mehr als 80 Jahren gab es ihn in einfacher Form. Da die wirtschaftliche Lage zwischen den beiden Weltkriegen sehr angespannt war, mussten die Menschen sparsam mit allen Ressourcen umgehen – so auch mit Geflügelfutter. Damals kam die Idee der fahrbaren Geflügelwagen auf. Um 1930, der Blütezeit dieser Wagen, wurde das Korn auf den Getreidefeldern noch mit Mähbindern geerntet und von Hand zu Garben gebunden, die drei bis acht Tage auf den Feldern stehen blieben. Unmittelbar nachdem das Feld abgeräumt war, wurde das Geflügel – vorwiegend Junghennen in der Aufzucht – in Geflügelwagen auf die Stoppelfelder gebracht (s. Abb. 132). Die Tiere fraßen die während der Ernte verloren gegangenen Körner, auf diese Weise wurde Futter gespart. Auch hier wurde der Standort, angepasst ans Futterangebot, mehr oder weniger häufig gewechselt. Außerhalb der Erntezeit kamen die Wagen auch auf Grünlandflächen zum Einsatz, gezogen wurden sie zunächst mit Pferden, später dann mit Traktoren.

Besonders interessant ist hierbei folgende, aus der Beratung überlieferte Beobachtung: In einer Gutsgeflügelzucht wurden 60 Junghennen im Alter von 10 Wochen in einem Geflügelwagen auf die Stoppelfelder gefahren, während weitere 60 Tiere aus der identischen Aufzucht auf dem Gutshof verblieben und dort gut genährt wurden. Im September bekamen die auf dem Gutshof gehaltenen Hennen rote Kämme und fingen bald zu legen an. Die Tiere waren aber klein und nicht gut entwickelt. Dagegen sahen die im Geflügelwagen gehaltenen Hennen aus wie Tiere einer anderen Rasse: Robust, kräftig, kleine Kämme und noch in der Entwicklung begriffen. Diese Hennen waren noch lange nicht am Legen. Im November änderte sich plötzlich das Bild. Die Gutshof-Hennen ließen mit dem Legen nach, kamen zuerst in die Halb- und einen Monat später sogar in die Vollmauser. In ihrer Statur waren sie klein und zierlich geblieben. Die gut entwickelten Geschwister aus dem Geflügelwagen hatten zwar verzögert erst im November mit dem Legen begonnen, lieferten aber den ganzen Winter über Eier. Optisch konnte man während der gesamten Haltungsdauer ohne Mühe feststellen, aus welcher Gruppe ein einzelnes Tier stammte."

(Quelle: Edelgard Freiin von Gloeden, Jutta van der Linde)

Es gab auch noch weitere Formen der Mobilhaltung von Geflügel, die so genannten „Wanderhütten." Sie wurden überwiegend in der Junghennenaufzucht eingesetzt. Diese Geflügelunterkünfte hatten in der Regel keine Räder, sie waren kleiner und wurden bei Bedarf zumeist von 2 Personen per Menschenkraft weitergetragen (s. Abb. 133, 134).

Bereits damals war den Geflügelhaltern bewusst, dass ein regelmäßiges Versetzen der Geflügelhütten den Infektionsdruck in Bezug auf Endoparasiten niedrig hielt. Zu dieser Zeit gab es kaum Mittel zur Bekämpfung von Würmern und Kokzidien. Diejenigen Medikamente, die für Geflügel insgesamt zur Verfügung standen, mussten den Tieren zum Teil aufwändig per Einzeltablette eingegeben werden. Auch aus diesem Grund bedeutete eine gewisse Auslaufhygiene gleichzeitig Ersparnis von Arbeitszeit und finanziellem Aufwand.

Abb. 132: Gummibereifter Hühnerplanwagen um 1940 (Quelle: van der Linde).

Abb. 133: Junghennenaufzucht in Wanderhütten (Quelle: van der Linde).

Abb. 134: Wurden bereits früher Ziegen als Herdenschutz eingesetzt? (s. Kap. 5) (Quelle: van der Linde).

Service

Literaturverzeichnis

Landwirtschaftskammer Niedersachsen (2016): Leitfaden Geflügelhaltung.

Deerberg F., Joost-Meyer zu Bakum, R., Staak, M. (Hrsg.) (2004): Artgerechte Geflügelerzeugung – Fütterung und Management. Bioland-Verlag, Mainz.

Zentralverband der Deutschen Geflügelwirtschaft e. V. (ZDG): Vorschriftensammlung Geflügelfleisch.

EU-Verordnung Ökologischer Landbau; 4. Auflage, Stand Januar 2013

Schindler, M. (2010): Wirtschaftslehre. BLV Buchverlag, München.

Landwirtschaftskammer Niedersachsen, Schindler, M. (2015): Richtwertdeckungsbeiträge.

Söfker, W. (2016) Baugesetzbuch, Beck-Texte im dtv. dtv Verlagsgesellschaft, München.

Mußhoff, O., Hirschauer, N. (2009). Modernes Agrarmanagement. Verlag Vahlen, München.

Pieper, H. (2016): Mobile Eier haben ihren Preis! Land und Forst 7, 53–55.

Hiller P. (2015): Auf die Mischung kommt es an. Land und Forst 9, 56–57.

Neumann, U. (2002): Mit welchen Krankheiten ist zu rechnen? Zeitgemäße Legehennenhaltung, Land- und Forst-Schriftenreihe Tierhaltung, Landwirtschaftskammer Hannover, Deutscher Landwirtschaftsverlag, Hannover, 39–41.

Damme, K. Hildebrand, R. A. (2015): Legehennenhaltung und Eierproduktion. Verlag Eugen Ulmer, Stuttgart.

Beck, M. M. (2016): MEG-Marktbilanz Eier und Geflügel 2016. Verlag Eugen Ulmer, Stuttgart.

Studie Laukhuft Team; Welche Eigenschaften des Eies hält der Verbraucher für wichtig? 2010.

Wietgrefe, E., Landwirtschaftskammer Niedersachsen (2017): Vortrag: Genehmigungsverfahren in der Mobilstallhaltung. Seminar: Mobile Haltungssysteme in der Geflügelhaltung. Mai 2017, Hannover/Ahlem

Schierhold, S., Landwirtschaftskammer Niedersachsen (2017): Vortrag: Gesetze in der Geflügelhaltung. Seminar: Mobile Haltungssysteme in der Geflügelhaltung. Mai 2017, Bremervörde

Kai Aumann, aumann hygienetechnik, Schleswig-Holstein 2017 (Vortrag)

Greve T. Arbeitsvorgänge im Mobilstall.

König, T. (2017): Fütterungsregime und Fütterungszeiten. In: Westfälisch-Lippischer Landwirtschaftsverband e. V. (Hrsg.) (2017): Empfehlungen für kleinere Legehennenbetriebe im Umgang mit nicht schnabelgekürzten Hennen.

König, T. (2017): Tränktechnik. In: Westfälisch-Lippischer Landwirtschaftsverband e. V. (Hrsg.) (2017): Empfehlungen für kleinere Legehennenbetriebe im Umgang mit nicht schnabelgekürzten Hennen.
König, T. (2017): Hitzestress vermeiden. In: Westfälisch-Lippischer Landwirtschaftsverband e. V. (Hrsg.) (2017): Empfehlungen für kleinere Legehennenbetriebe im Umgang mit nicht schnabelgekürzten Hennen.
König, T. (2017): Rote Vogelmilbe. In: Westfälisch-Lippischer Landwirtschaftsverband e. V. (Hrsg.) (2017): Empfehlungen für kleinere Legehennenbetriebe im Umgang mit nicht schnabelgekürzten Hennen.
König, T. (2017): Schadnager. In: Westfälisch-Lippischer Landwirtschaftsverband e. V. (Hrsg.) (2017): Empfehlungen für kleinere Legehennenbetriebe im Umgang mit nicht schnabelgekürzten Hennen.
https://www.oekolandbau.nrw.de/fachinfo/tierhaltung/gefluegel/2017/mobilstaelle-am-deutschen-markt-stand-mai-2017/
http://www.oekomodellregionen.bayern/wp-content/uploads/2016/06/Linde_%C3%9Cbersicht_Mobilstall.pdf

Bildquellen

Die Bildquellen finden Sie direkt an den Abbildungen,
Zeichnungen und Grafiken fertigte Cornelia Schwingenschlögl, Graz.

Sachregister

Die Autoren

Jutta van der Linde ist Tierwirtschaftsmeisterin Geflügel. Sie ist als Geflügelfachberaterin bei der Landwirtschaftskammer Nordrhein-Westfalen tätig.

Henning Pieper; Dipl. Ing. agr.; ist Landwirt und Agrarökonom. Er ist als Berater bei der Landwirtschaftskammer Niedersachsen im Bereich Geflügel- und Schweinehaltung tätig.

Die in diesem Buch enthaltenen Empfehlungen und Angaben sind von den Autoren mit größter Sorgfalt zusammengestellt und geprüft worden. Eine Garantie für die Richtigkeit der Angaben kann aber nicht gegeben werden. Autoren und Verlag übernehmen keine Haftung für Schäden und Unfälle. Bitte setzen Sie bei der Anwendung der in diesem Buch enthaltenen Empfehlungen Ihr persönliches Urteilsvermögen ein.

Der Verlag Eugen Ulmer ist nicht verantwortlich für die Inhalte der im Buch genannten Websites.

Bibliografische Information der Deutschen Nationalbibliothek
Die Deutsche Nationalbibliothek verzeichnet diese Publikation in der Deutschen Nationalbibliografie; detaillierte bibliografische Daten sind im Internet über http://dnb.d-nb.de abrufbar.

Wollgrasweg 41, 70599 Stuttgart (Hohenheim)
E-Mail: info@ulmer.de
Internet: www.ulmer-verlag.de
Lektorat: Anna Häusler, Verena Knigge
Herstellung: Birgit Heyny
Umschlag-Konzeption: Ruska, Martín, Associates GmbH, Berlin
Umschlag-Gestaltung: Atelier Reichert, Stuttgart
Satz: pagina GmbH, Tübingen
Druck und Bindung: Friedrich Pustet GmbH & Co. KG, Regensburg
Printed in Germany

ISBN 978-3-8186-0344-1

Geflügelkrankheiten

erkennen, behandeln, vorbeugen

In diesem Buch erfahren Sie alles über die Gesunderhaltung von Hühnern, Puten, Enten und Gänsen sowie über die wichtigsten Geflügelkrankheiten. Sie lernen, wie Sie Krankheiten und Vergiftungen vorbeugen können, hinter welchen Symptomen sich welche Erkrankung verbirgt und wie sie behandelt wird. In der Liste mit Desinfektionsmitteln finden Sie geeignete Produkte für die Tierhaltung und den Lebensmittelbereich.

Geflügel gesund erhalten.

Krankheiten vorbeugen, erkennen und behandeln. Hellmut Woernle, Silvia Jodas. 4., aktualisierte Auflage 2015. 164 Seiten, 94 Farbfotos, 22 Zeichnungen, 23 Tabellen, kart. ISBN 978-3-8001-8287-9.

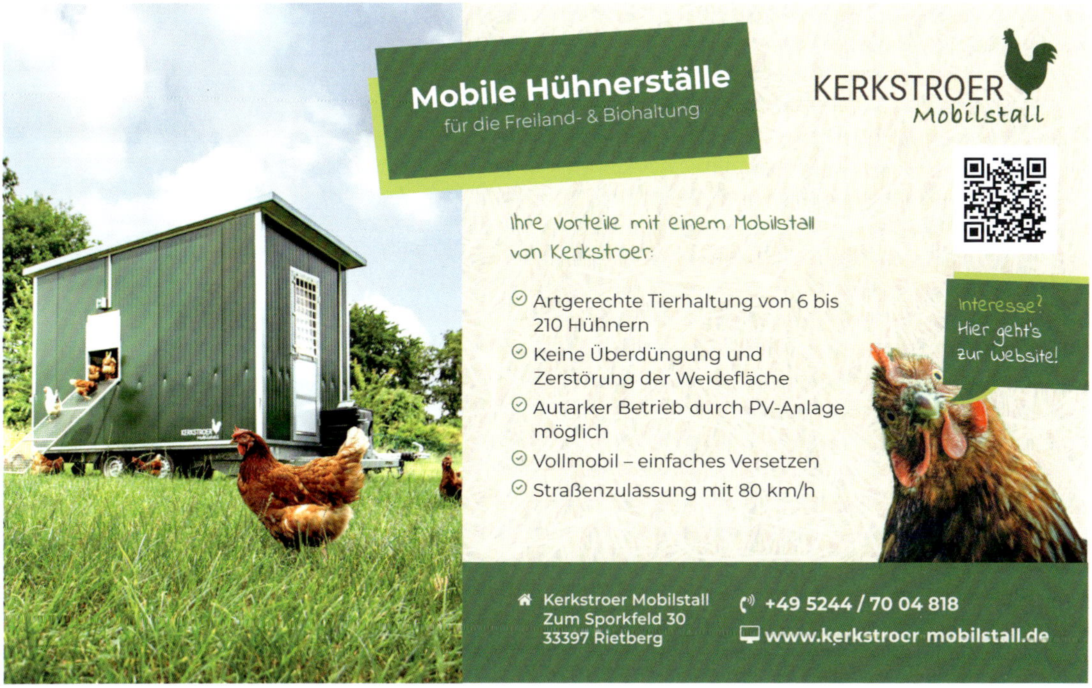
Mobile Hühnerställe
für die Freiland- & Biohaltung
KERKSTROER
Mobilstall
Ihre Vorteile mit einem Mobilstall von Kerkstroer:
Artgerechte Tierhaltung von 6 bis 210 Hühnern
Keine Überdüngung und Zerstörung der Weidefläche
Autarker Betrieb durch PV-Anlage möglich
Vollmobil – einfaches Versetzen
Straßenzulassung mit 80 km/h
Interesse? Hier geht's zur Website!
Kerkstroer Mobilstall
Zum Sporkfeld 30
33397 Rietberg
+49 5244 / 70 04 818
www.kerkstroer-mobilstall.de

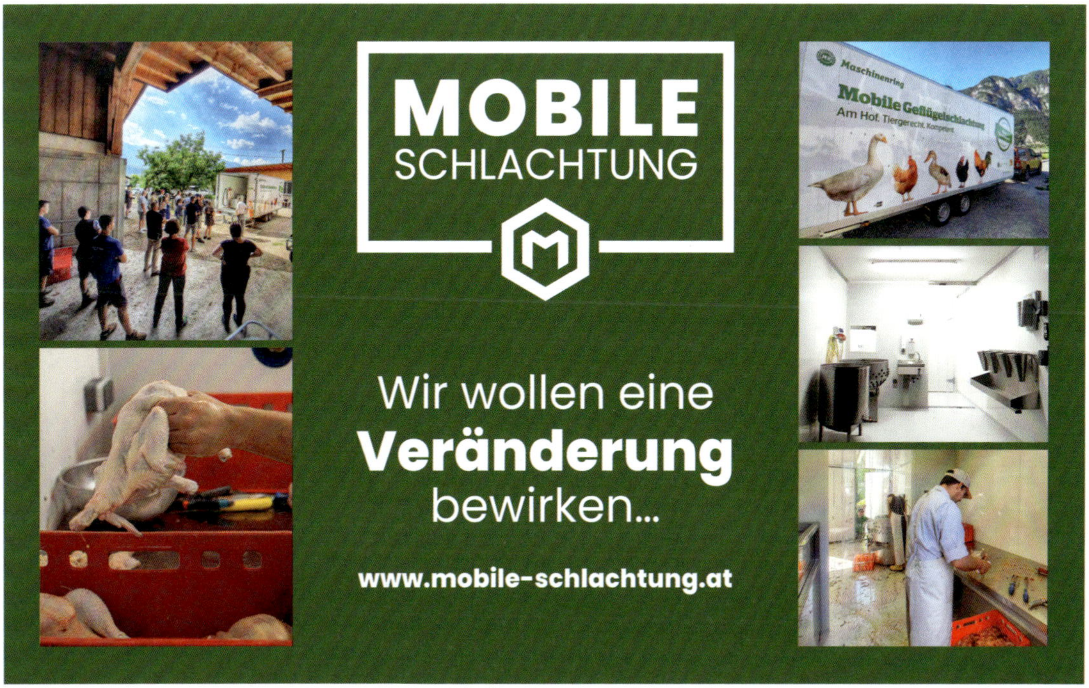
MOBILE
SCHLACHTUNG
Wir wollen eine
Veränderung
bewirken...
www.mobile-schlachtung.at
Maschinenring
Mobile Geflügelschlachtung
Am Hof. Tiergerecht. Kompetent.

Füttern mit System

Geflügelernährung.
Ernährungsphysiologische Grundlagen, Futtermittel und Futterzusatzstoffe Fütterung des Lege-, Reproduktions- und Mastgeflügels.
H. Jeroch, A. Simon, J. Zentek (Hrsg.).
2., aktualisierte Auflage 2019. 530 Seiten, 335 Tabellen, 60 Abbildungen, geb.
ISBN 978-3-8186-0555-1.

Dieses Buch vermittelt Ihnen umfassendes Wissen zur Geflügelernährung und -fütterung:

- **Produktion und Verbrauch von Geflügelprodukten**
- **Entwicklung der Futtermittelbasis**
- **Ernährungsphysiologische Grundlagen**
- **Futtermittel- und Futterzusatzstoffe**
- **Fütterung des Lege-, Reproduktions- und Mastgeflügels.**

Außerdem werden auch Problemfelder genannt und Wissenslücken aufgezeigt, die durch weitere Forschungsaktivitäten zu schließen sind.
Die Ausführungen basieren auf umfangreichen Forschungsaktivitäten der Autoren und den Erkenntnissen der wichtigsten Fachgremien und -organisationen im Geflügelbereich.